东京大学人文建筑之旅

世界著名大学
人文建筑之旅

木下直之　岸田省吾　大场秀章◎著　刘德萍◎译

上海交通大学出版社
SHANGHAI JIAO TONG UNIVERSITY PRESS

内容提要

本书是"世界著名大学人文建筑之旅丛书"之一,从建筑、植物等的角度出发,详细介绍了东京大学的历史和文化。书中从赤门出发,将东京大学本乡校园分为八个部分,针对其历史、建筑、庭园、雕塑、植物、动物等进行讲解,使读者充分地领略东京大学的魅力,感悟东京大学的历史人文和办学精神,配以150多幅精美的彩色照片令人有身临其境之感。

图书在版编目 (CIP) 数据

东京大学人文建筑之旅 / (日) 木下直之, (日) 岸田省吾, (日) 大场秀章著; 刘德萍译 . —上海: 上海交通大学出版社, 2014

(世界著名大学人文建筑之旅)

ISBN 978-7-313-10466-3

Ⅰ.①东… Ⅱ.①木… ②岸… ③大… ④刘…
Ⅲ.①东京大学-教育建筑-介绍 Ⅳ.①TU244.3

中国版本图书馆 CIP 数据核字 (2013) 第 246775 号

First published by University of Tokyo Press

上海市版权局著作权合同登记号 图字: 09-2013-559

东京大学人文建筑之旅

著　　者:	(日)木下直之　(日)岸田省吾	译　　者:	刘德萍
	(日)大场秀章		
出版发行:	上海交通大学出版社	地　　址:	上海市番禺路951号
邮政编码:	200030	电　　话:	021-64071208
出 版 人:	韩建民		
印　　制:	上海锦佳印刷有限公司	经　　销:	全国新华书店
开　　本:	787mm×1092mm　1/16	印　　张:	14.5
字　　数:	210千字		
版　　次:	2014年2月第1版	印　　次:	2014年2月第1次印刷
书　　号:	ISBN 978-7-313-10466-3/TU		
定　　价:	58.00元		

序　言

　　《东京大学人文建筑之旅》这本书由植物学专业的大场秀章教授和建筑学专业的岸田省吾副教授，以及我本人、文化资源学专业的木下撰写。本书的具体分工情况是，校园内有关植物和动物的部分由大场教授负责，建筑部分由岸田副教授负责，而其他部分则由木下负责撰写。

　　这本书虽是东大校园指南，但手执此书的读者只能走近建筑物，却不能进入其内部参观。目前东大校园向民众开放的设施仅有三处，即综合研究博物馆、交流中心（赤门）、信息管理中心（龙冈门）。因此，读者可看的就只有植物、动物、建筑物。

　　遗憾的是，这只是东京大学极小的一部分。尽管赤门和安田讲堂这些建筑的外观被频频展示给众人，但是东京大学的实质是汇聚在校园里的人，是将他们维系在一起的机构，用植物、动物、建筑物这类概括性名词来说，就是人物。然而，我们无法把读者引导到这些活生生的人的面前，于是想出了用铜像来代替的办法。而铜像设立的目的原本也是为了做人的替身。

　　本书从赤门出发，将整个本乡校园划分成八个地区，使读者能走遍校园的每个角落。同时，我们希望读者还能关注到用方块石铺成的路面以及下水井盖、墙壁、窗户等。之所以介绍东大未开放的场所，是因为我们希望能够向大家讲述东京大学的历史。

　　我们在书中随处穿插了一些古老的照片。希望大家能通过东大过去与现在的对比，来思考东大创立以来130年的历史，并进而遥想加贺藩邸时代的历史。如果能有更多的人通过阅读本书而喜欢东京大学，那将是我们的荣幸。

　　在本书撰写过程中，摄影家上野则宏先生为我们拍摄了各个季节的大量照片，东京大学出版会的小池美树彦先生和后藤健介先生也为本书的出版做了大量的工作，在此我谨代表本书的著者向以上三位致以诚挚的谢忱。

木下直之

目录
CONTENTS

照片拍摄［未注明出处和拍摄者的照片］上野则宏

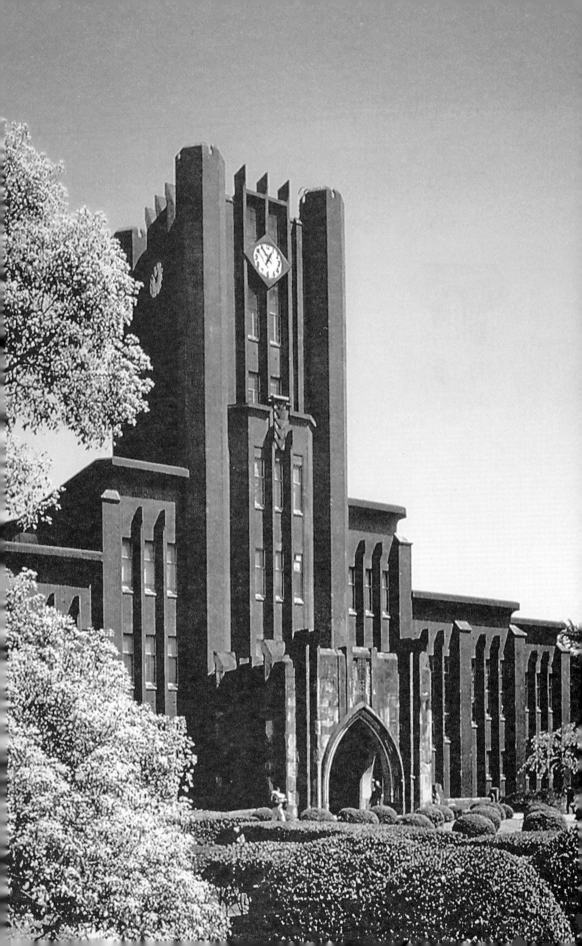

漫步东京大学本乡校园

木下直之

目前进入东京大学的方法有三种。第一是就职，第二是考入东大，第三只是单纯地到东大来走走。

本乡校园①中有很多工作单位。除了成为教职员工的办公场所之外，这里还有医院、食堂、日本消费生活协同组合（简称：生协）店铺、书店、美容院、花店、鞋店、钟表店、照相馆、文化用品店、体育用品店、印刷装订社，以及本书的出版商（东京大学出版会）等，仅校园本身就形成了一个小城镇。

经咨询大学当局后得知，校内教职员工和学生总数大约两万人。此外，还有来此工作的人、学习的人和游玩的人。来来往往的人中既有即将诞生的人，亦有即将离世的人。我们将所有这些人都设定为本书的读者。

无论您选取以上三种方法中的任何一种，都不可避免地要在校园内行走。既然是要在校园内行走，那么就偶尔不要直奔目的地，而是在校园内随意四处走一走看一看，您觉得怎么样呢？

这里虽小但也是一个"城镇"，因此既有广场也有小巷。还有行驶的公交巴士和出租车，所以走路时一定要注意来往的车辆，不要被车子碰到。

为方便起见，您先要辨明方向。太阳从附属医院那边升起，往正门那边落下。因而，医学部所在的位置是南，工学部所在的位置是北。

学校用地的大部分是加贺百万石、前田家的上宅邸。从赤门和正门前通过的南北向宽阔的马路是中山道，向南走，从汤岛圣堂和神田明神（神社）的中间穿过去，再往下走就到了日本桥。向北走，在农学部正门前分出了一条岔道，左侧的路是中山道，右侧路前行是岩槻街道。那里曾被称为

---

① 　东京大学有很多校区（本乡、驹场等），本书主要介绍东京大学本乡校园。——译者注

综合图书馆前（摄影：笔者）

"本乡追分"，从日本桥到那儿的距离正好是一里，所以在那里修建了一个里程标，从日本桥步行至此大致需要一个小时左右。顺带说一下，中山道最初的驿站是板桥，到板桥还需要再步行一里半。

在谈到江户城镇的大小时，经常能听到"八百八町"和"朱引内"这两个词。前者是对江户城镇大小的一个粗略的比喻，后者指的是幕府在江户地图上用红笔画线来明确表明其对两个区域的不同认识。

红线的北方界限是荒川、石神井川下流，据此推算，本乡应该整个在江户范围之内。但是，川柳短诗中却有"本乡，直至卡奈亚斯（Kaneyasu）均在江户之内"这样的描述，据说这么描述的根据是从日本桥到本乡三丁目一带，四面涂抹泥灰的城镇房屋鳞次栉比，而从"卡奈亚斯"往前却突然变为一派荒凉的景象。

且说"卡奈亚斯"至今仍位于本乡三丁目的十字路口，是间经营妇女小件用品的杂货店，江户时期曾靠贩卖"乳香散"牙膏而生意兴隆。夏目漱石的小说《三四郎》也曾提到这家店，野野宫君在那里买了"似蝉翼般的发带"。就是不久后三四郎在美弥子的头发上发现的那个发带。

步入东京大学之前，我们先站在这个十字路口稍微眺望一下对面的景致。朝学校的方向看，你会发现道路先是有个小小的下坡，然后又有个上坡。在下坡的最低处立着一个解说牌，上书"别离之桥遗址，送行坡和回顾坡"。根据解说牌上的介绍，太田道灌时代，这里曾是领地的边界，是放逐犯人的地方。当时被放逐的犯人一定是站在这里回过头来再最后看一眼江户，而亲友们则目送犯人离开。很难令人相信在这样的一个地方竟然曾经有座桥，但是解说牌上的文字表明，从加贺藩邸流出的小河曾从这里流向菊坂。

大家可以看到，与本乡大街（以前的中山道）相交叉的春日大街，不论是向东边的汤岛、上野，还是向西边的后乐园、小石川，地势都一路走低。东京大学的校园，从三四郎池一带向不忍池方向，地势迅速下降，从本乡大街沿街而建的商店之间穿行到小巷里，随处可遇悬崖边和下坡。也就是说，本乡大街从台地的正中间通过，此台地一直延伸到神田明神一带，从神田明神开始地势突然下降。

站在神田明神的院内，眺望明神下方就会确实感受到这一地势的变化。或者，不论是从茶水桥还是从圣桥眺望神田川都可以。因为距离桥面那么远的河面，到了昌平桥和万世桥一带就陡然变近了。

再从稍微宏观的角度来看，江户可以说是建在武藏野台地的最前端。其前端部分恰似手掌一般分开，本乡台地东临上野台地，其前端建有宽永寺（现在的上野公园）。南邻日本桥台地，其前端建有江户城。为了保护将军，谱代大名、旗本（即直系大名）的宅邸围绕江户城而建，在其外侧又分布了外样大名的宅邸。因加贺藩是外样大藩，所以被赐予在远离本乡江户城的地方修建上宅邸。似乎是为了控制加贺藩，德川将军直系三家中的一家、水户德川家的中宅邸与其相邻而建。

江户改名为东京之后，武士们也消失了。他们有的离开了东京，有的改行做了官吏、商人等。武士不存在了，所以也就不再需要大名宅邸、武士宅邸了。因此，其宅地被分作各种用途。东京的中心虽依然是江户城，但是它的主人从将军变成了天皇，皇城随后也改名为宫城。在以宫城为中心重新改组官厅和军事设施等的过程中，形成了新的高等教育的场所。

幕府末期，因儒学是当时的官学，所以汤岛圣堂和昌平坂学问所也就自然成了当时高等教育的中心。当时作为西学研究教育的机构，还在九段下开设了开成所（前身是蕃书调所），在神田玉池开设了医学所（前身是种痘所）。这些机构后来均被明治政府所接收。而且，明治政府的教育方针也从儒学改为西学，产生了巨大的变革。

明治维新后的十年时间里，日本高等教育机构发生了令人目不暇接的变化。当时，因开成所位于汤岛圣堂的南边所以改名为大学南校，医学所位于汤岛圣堂的东边所以改名为大学东校。从这一点也可以说当时汤岛圣堂依然暂时保持着其中心地位，不久南校和东校合并，于明治10年（1877年）创办成立了东京大学。

因上野战争而被烧成平地的宽永寺遗址，虽然也曾被推荐为建造东大校园的候选用地，但是荷兰医生博迪安（Antonius Franciscus Bauduin）提出的应该把那里建成公园的提议被通过，所以才决定在本乡、加贺藩上宅邸遗址上修建东京大学。另一方面，进驻了博物馆和动物园的上野公园，成为博

从不忍池看本乡（摄影：笔者）

览会的中心，在其建设早期就已经显露出它作为文化设施集中地的今日之风采。歌颂博迪安功绩的铜像现位于公园大喷泉附近。

东京大学本乡校园的兴建始于医学部，所以校园周边聚集了很多销售医疗器械的商店，这种状况一直持续至今。随后，法、文、理三个学部进入本乡校园，稍后工科大学也加入进来，形成了现在校园的框架。食堂、旅馆、旧书店等数量增加，甚至还出现了学生街。现在，旧书店的数量虽说逐渐减少，但是从赤门到正门前一带还有很多旧书店，步入小巷还会看到仍保留着以前旅馆面貌的建筑物。

1923年9月1日发生的关东大地震曾使校园一度被毁灭，虽然又重新修建了校舍，但是后来医（包括医院）、法、文、理、工五个学部的占地面积基本正确地反映了东大将近130年的历史。在此基础上，学校又新增了农学部、经济学部、教育学部和药学部。

本书收录了五种不同时期的校园地图。希望诸位手执此书时，不仅可以漫步于现在的本乡校园，同时还能漫步于各个历史时期的本乡和本乡校园。

"荒凉的原野"上沉淀的历史

岸田省吾

大学是学问之府，但是如果说它是搞研究的地方，可教师又必须得向新生传授那些已经完全明了的知识，可见这一说法并不全面。那么说它是学校呢，这里又既有埋头钻研那些看不到结果的前沿科学的人，也有持续不断地做漫长的资料收集工作的人。尽管明白大学是做各种各样事情的地方，但是如果用"是做什么的地方"来具体说明的话，就必定会出现很多无法概括进去的内容。

关于本乡校园我们所能明确说明的是，东京大学是为了执行其自身所坚信的职责与开展必要的活动的需要，历经百年以上的时间，逐步完备了内外各种环境条件。而且，不仅是现在，将来也必定会将此传统继承并发扬下去。

现在在校园里不仅能找到过去建设校园的各种痕迹，而且，这种建设未来也将一直持续下去。着眼于现在的大学校园，让我们一边追寻刻在校园里的记忆，一边思考东京大学是如何把大名宅邸遗址上残留的"荒凉的原野"规划修建成如今的校园这一问题吧。

在时间长河里不断叠加累积的校园空间环境

本乡校园被各种各样的事物点缀着。既有古老的历史建筑，亦有最新的研究设施。铜像点缀的广场和巨树成行的林荫路上还分布着郁郁葱葱的绿化带。这样的校园给我们留下最深刻印象的是，这里所有的一切都相互影响、相互交织、融为一体，共同创造了校园整体环境。

这里累积了各个历史时期遗留下来的印记。某一历史时期建设的成果，以具体形态保留下来，作为那一时代的文化产物而被铭刻在这里。之后，人们不断地对其进行维护，并代代传承，进而又不断地刻上新的历史印记。在校园内可以真实地感受到这种层层累积的历史印记。

其中,关东大地震发生后所推进的建设成果,以压倒一切的气势呈现在人们的面前。建筑采用统一的结构和样式,与广场、林荫路、树木等构成环境的诸要素一体化,建成了一个统一的校园环境。

但是,校园里也清晰地刻有可追溯至关东大地震之前的历史印记。甚至还可以从校园内的地形、树木以及风景等处发现江户时代留下的校园建设痕迹。虽然现在所存的建筑寥寥无几,但是明治时期的校园建设对后来的校园规划产生了巨大的影响,被以外部空间的构成、建筑物的样式等各种形式继承下来。震灾前后遗留下来的大正时期的建设成果,虽为数不多,但时至今日依然绽放着耀眼的光辉。

在本乡校园里,这些历史的痕迹作为现在校园的构成要素,栩栩如生地展现在人们的面前。现在的校园,不是把这些历史上的建设分别集聚起来,而是使它们与现在一体化,那么这又是靠什么来实现的呢?怎样蓄积历史的痕迹,才能把过去和现在对接起来,让它们作为现在的一部分而焕发生机呢?

震灾后有一张从钟楼上拍摄的照片。从照片上可以看到房顶被烧塌的

康德尔的东京大学构想(明治17年发表)。远处可看到的大概是宽永寺的塔。(摘自《东京大学本乡校园的百年》)

明治30年代的校园　大概是在正门附近搭建高台拍摄的。右数依次是旧图书馆、法文校舍（康德尔）、理科大学（后改为法文校舍）、工科大学本馆（辰野金吾）。正面尽头建有大讲堂。用来隔离绿化带的卵石至今仍有一部分保留了下来。（摄影：小川一真，明治33年）

八角讲堂和被拆毁的校舍遗址。但是，从正门通向大讲堂的银杏行道树、与其相交叉的行道树以及工科大学的前庭，却似乎什么也没有发生过似的，以亘古不变的姿态静静地伫立在那里。

正是这些超越了个别单体建筑行为，把校园作为一个整体来维持，使得广场、林荫路等这类不被建筑物所占用的空地，也就是一般所说的开放空间，在此发挥了重要的作用。

建筑物只有当其"是什么"的时候才会产生意义。当"什么"发生改变时，建筑物随之也会发生改变，即使毁坏也能留下记忆。另一方面，开放空间却因为它"什么都不是"而产生了意义。正因为它"什么都不是"，所以才能在接纳周围事物发生变化的同时，自己本身却几乎很少发生变化或毁坏。尽管树木不断地生长，建筑物也发生了变化，但是开放空间却能够以多样的时间、多样的形式来蓄积这些变化。在本乡校园，开放空间成为一体，共同创造了一个满载着时间的丰富的校园环境。

约西亚·康德尔与内田祥三

本乡校园创立的历史上有两位重要的人物。他们就是约西亚·康德尔（Josiah Conder）和内田祥三。

曾担任造家学科（现建筑学科）外籍教师的康德尔于明治12年（1879

年）左右制定了东京大学建设规划。学校面朝本乡大街而建,本乡大街对面宽广的前庭三面被建筑物所环绕,后面还配置了一个同等大小的庭院。建筑整体风格被统一为当时风靡英国的维多利亚时代哥特复兴式建筑。值得关注的是,康德尔设计了巨大的前庭,把校园作为开放空间与建筑群相互融合的一个整体来勾画。

　　之后,本乡校园陆续修建校舍,在正门背后建造了一个三面被建筑群围绕的宏伟的前庭。虽说这一设计恰如其分地展示了日本第一所大学的雄姿,但是不容置疑的是其背后存在着康德尔的设计。

　　但是,在各分科大学（学部）最初的校舍纷纷建成的明治20年代之后,校园建设进入了一个转折点。高速开发的结果导致,在大正末期即将发生地震灾害之前,除正门后面的前庭以外,校园内已几乎没有其他空地。

　　这一时期,校园规划脱离了康德尔等建筑学科专家们的掌控,各分科大学为满足各自的发展需求,纷纷在近旁增建了一些建筑。没有人再来追究是否该从校园的整体性出发来统筹规划校园。开放空间只能设在建筑用地残余的地点,等大家意识到这一问题的时候,校园已经变得没有立锥之地、非常拥挤。

　　最后,就在连唯一仅存的前庭也即将被盖上楼的时刻,发生了大地震。整个东京都在巨震中摇晃,当时又恰逢刮猛烈的南风,从医科大学燃起的大火迅速蔓延到建筑拥挤的校园,历经半个世纪辛辛苦苦建成的明治校园,仅一天的时间就付诸灰烬。

　　灾后重建计划被委托给建筑学科的内田祥三。内田综合了围绕一个前庭建造各科校舍的校园初创期建设方案和滨尾新(第三、第八代校长)等人提出的利用行道树来连接各建筑的校园整修方案。把明治时期巨大的前庭分解为多个广场,利用林荫路来连接各个广场,以此来形成统合整个校园的开放空间网络。内田利用条理清晰的构想来建造校园框架的信念非常坚定。

　　为了整体推进建筑物和外部环境的整修,内田不顾校内人士的反对,把建筑费的一部分拨到了外部环境的整备上,修建了广场、道路、公共设施、绿地等。还改造了门和围墙,建成了一个把绿化和建筑物融为一体的校园。那是内田从被地震毁灭的明治校园的废墟中复苏的信念,即在继康德尔以来利用开放空间来规划校园。同时,这也是继康德尔提出东京大学规划以后,历经约半个世纪之后第二个勾画出校园整体面貌的构想。

　　为了迅速开展大量的工程建设,不仅建筑结构和规模被共同化,而且建筑风格也统一继承了明治时期哥特式建筑的传统,此外建筑材料及工程监督管理也被合理化。内田还进行了有关抗震设计和都市防灾方面的研究,着意进行了耐震防火的校园建设。广场和行道树能够有效地防止延烧等灾害的发生,楼房建筑采用了即使倒下也不会毁坏的坚固的耐震结构。内田在从大正13年(1924年)到昭和13年(1938年)担任修建科科长的15年时间里,仅在本乡校园就一口气修建了大约19万平方米的建筑。

被再现的大正末期和建筑师们的工作

　　第二次世界大战期间,除了同为迎宾馆的怀德馆被烧毁外,所幸几乎没有给本乡校园带来其他的损失。昭和三四十年代,日本处于经济高速发展时期,这一时期东大相继增设了一些新学科,从而使校园面貌发生了巨大的变化。校园周边修建了很多向南平行分布的高层板状建筑,当时的校园建设方针是优先考虑如何有效地修建大面积建筑。

　　这一时期的建筑在设计上虽有一贯性,但是却与之前的校园空间性没有关联。人们在进行校园建设时根本无暇考虑校园的整体面貌,于是导致校园内产生了很多异域。

这与明治20年代以后,一直持续到地震灾害发生以前,因过度开发而导致的校园建设用地匮乏产生的过程和状况极为相似。除非找到新的空地,或者把老朽的楼房推倒,人为制造空地修建校舍。但当这一流程无法运转时,学校马上就陷入无法再修建新校舍的窘境。这与当时简直是如出一辙。

当时内田已经引退了。正如康德尔的规划提出了大约45年左右的时间,校园建设即陷入窘境那样,在内田构想提出约45年后,校园建设亦陷入了同样的境地。校园是每个单体建筑集聚结果的体现,从建设统一的校园环境出发来规划并统筹安排的长远视角,在大学里已不复存在。

在这种状况下,建筑师们开始了犹如变戏法般的操作。昭和50年代以后,各项设施建设的必要性虽未衰减,但是因为没有建设用地,所以只能利用地下、道路、广场、房顶、绿地等来增建校舍。丹下健三和大谷幸夫等著名

从钟楼上看到的校园　眼前是火灾后的法科大学八角讲堂废墟,右边远处可看到工科大学本馆。
（大正14年）（综合研究博物馆藏）

的建筑师,在这种困难的条件下,绞尽脑汁创作了一批高密度的作品。整体上虽不能描述校园的新面貌,但从多数作品中都能看出设计者尊重校园环境,努力使新建筑与校园环境保持协调一致的态度,这是使过去与现在对接的一个重要的因素。

"学问"之所与本乡校园的传统

东京大学最初成立的目的是为了引进西欧先进的知识和科学技术,并创造近代国家。培养社会所需要的各个领域的人才也是其承担的一项重要任务。

知识和科学技术等领域需要研究和开发,而且这种研究和开发还必须不断地继续下去。大学作为"学问"之所,必须要开展各项研究工作,这也是导致研究设施膨胀、校园建设用地达到极限、无法再修建新校舍的原因之一。

大学的初创期与震灾后的复兴期,其首要任务是建造或恢复校园的基

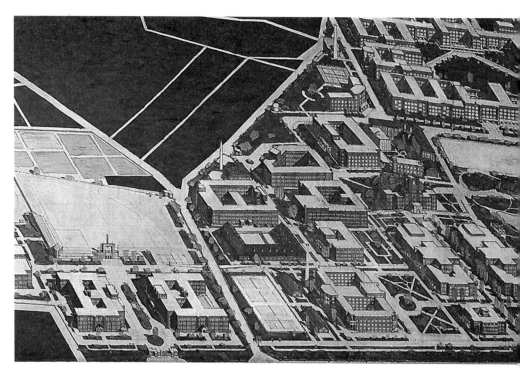

灾后重建计划(内田祥三,由岸田日出刀用油画绘制。昭和6年以前,建筑学科藏)

本框架。但是，当基础形成了，校园各项工作也走上正轨以后，校园的开发就加速递进，最终陷入校园建设的危机，这是一个不断重复的过程。从明治到大正末期校园环境出现的改变，以及第二次世界大战后经济高速发展时期出现的校园环境的改变，都非常有力地说明了这一点。

本乡校园原本只设有专业院系。可以说是"学问"之所，也可以进一步地说是反映"社会"之所。这样的一个场所，在有限的校园里，想不断地追求更新并力图改变面貌，就成了它难以回避的宿命。

纵观欧美历史悠久的大学校园就会发现，在19世纪后半期开始系统地进行科学研究及教育以后，很多大学都经历了与本乡校园相同的发展过程。但是，与在校园扩张上存在局限性的本乡不同，欧美的大学为了应对开展研究"学问"的需要，在大力进行扩张的同时，尽可能地保全原有的重要的历史环境。至少在校园的核心上能感受到他们维持并存续历史原貌的坚定意志。

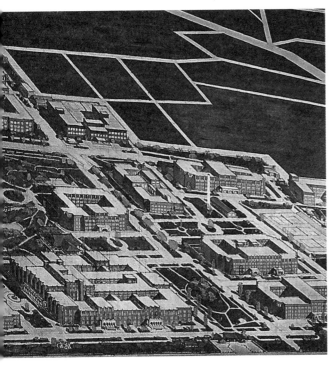

康德尔像与明治时期的"卵石"（摄影：笔者）

大学原本有两个基本特点。一是吸引来自全世界所有地区的人；二是由来自世界各地的人们组成统一的集团。

在欧美古老的大学里，这种与始源有关的记忆也许现在还在某处流淌着，人们从各种地方聚集而来，为创造并维持能够令人确切感受到具有统一性的集团而努力着。

"校园"是拉丁语，原意是什么也没有的"空地"。其作为与大学相关的词汇并最初被开始使用是在18世纪末期，当时是指普林斯顿大学校舍前后开阔的空地。现在已在全世界范围内被通用于指大学的空间。那么，为什么数以万计的人会接受这个词呢？

大学里有了什么都没有的"空地"，各种各样的人就会聚集而来。一旦"空地"继承了历史性环境，那么不仅是现在，还会与以往曾聚集在那里的人们紧密地结合起来，使现在与过去对接融合，并进而预测未来。于是在校园里就创造了一个能真实地感受到各种各样的人们聚集在一起并超越了时空界限的统一的场所。

康德尔和内田都是以具有统一性的开放空间为框架，来勾画出树木、建筑物等融为一体的校园。在那里，既可以铭刻过去的记忆，也可以铭刻对未来的构想。两位建筑师把如何能使人真实地感受到各种各样的人从全世界"聚集而来，并形成集团"的这一环境得以具现的方法，作为校园的空间性留给了我们。

现在正在进行的校园建设，与康德尔和内田等人一样，也同样重视开放空间的作用。但与他们的不同之处在于，不是把校园作为一个最终图纸来勾画，而是构想了一个以开放空间为轴，历经岁月的洗礼而不断生成的校园人文环境。今后，建筑物的形态将日趋多样化，如果通过每次建设都能使开放空间逐渐成长，形成像网络枝叶那样不断扩展，那么具有时间和空间持续性成长的校园也就诞生了。

校园也是一所树木园

大场秀章

　　校园就像一个都市，是一个不能没有树林和行道树的地方。据推算，位于本乡台地一角的校园，曾经被常绿阔叶树椎树林所覆盖。即使是现在，校园里也到处生长着椎树。与其说是谁种的，还不如说它是自然发芽长大的。如果校园就这样停止了一切活动并放任不管的话，那么数百年以后，这里就会再度变成一片郁郁葱葱的椎树林了吧。东京大学是一所以常绿阔叶林为本的大学。这使它与位于温带的欧洲和很多美利坚合众国的大学在校园布局上产生了不同。

　　正如弥生土器出土所说明的那样，即使是在本乡台地，位于台地末端部位的现在的校园一带，历史上也曾经是人类活动的重要场所，随着时代的发展，台地的面貌发生了改变，不久人们便开始在这里修建校园。东大校园的创建始于明治10年（1877年）。在校园即将动工之前，这里一直被作为加贺藩前田家等江户宅邸而使用。

　　本乡校园里都生长着什么样的树木呢？从种类上来说，这里生长的树木多达百十种，可见其种类之丰富。尤其是在三四郎池周边和医院地区，还生长着在东京都内见不到的珍贵的树木。相反，日本庭园惯用的松竹梅却很少。也许有人会认为那是因为松竹梅不适合种植在学习知识的场所的缘故，但是从明治年间拍摄的校园照片上看，校园里到处都种植了黑松。黑松消失的时间似乎是在关东大地震发生后。除了被认为是大正时期种植在学校正门附近的银杏树等少数树木外，其他几乎所有树木都跟建筑物一样，在关东大地震引发的火灾中被烧成了灰烬。

　　本乡校园可谓具有西洋庭园风格的植树是在震灾后进行的。银杏树、光叶榉树、喜马拉雅雪松、日本石柯、樟树被有计划地种植，可见当时很有可

安田讲堂前的樟树

能制定了某些植树计划。相反，各个建筑物附带的庭院以及在其周围种植的树木却缺少共同点，由此判断这些都是个别单独种植的。

本乡校园有特色的绿植，要数路边一行行的银杏树、光叶榉树、樟树和三四郎池边的森林。

在日本，作为行道树而被栽种最多的是银杏树，其次是法国梧桐和三角枫。有数据显示，仅这三种树就大约占日本行道树总数的44%。其他的行道树还有槐树、垂柳、光叶榉树、染井吉野樱、梧桐、日本石柯等。在校园里，三角枫、槐树、垂柳、染井吉野樱的数目较少。

银杏树还被用在了校徽上，是东大的象征。银杏树用日本汉字表记为"公孙树"。"公孙"指的是国君的孙子、诸侯的孙子，对于这一名字的由来有一种说法，即公（祖父）播下种子，等到了孙子那一辈就可以吃到树木结的果实。这也象征了教育的使命和精髓。

从正门和赤门眺望校园，首先映入眼帘的就是银杏行道树。这些银杏树年代久远，与建筑物完美地融合在一起。只是令人感到遗憾的是，大概是经常修剪下枝的缘故,这些银杏树没有下垂的枝条,整体上缺少自然伸展的感觉。

各学部之间的分界线种有很多成排的光叶榉树,大概是有计划地栽种的吧。光叶榉树特产于日本和中国,属榆科落叶阔叶树,据说树名起源于"醒目的树",即引人注目的树。树冠向上伸展的巨大光叶榉树,即使是从远处也能让人一眼就看到。光叶榉树与欧洲和北美等地栽种的榆树(Elm)同属一科。光叶榉树虽然是东亚特产,但是它与西式建筑竟也非常协调。

树木从发芽到伸展出新叶,再到每棵树都呈现出颜色各异的黄叶,可以说,光叶榉树一年四季每个季节的变化都很绝妙。在这里有必要描述一下它与相邻树木伸展过来的树枝相互交错的曼妙之美,以及其清爽的树冠。

光叶榉树的树冠浓密,并与相邻树木枝条交错,即使是盛夏的阳光,也根本无法从树梢直射而下。直射的太阳晒得人昏昏沉沉,而只有在光叶榉树的四周,在绿荫笼罩下才有着令人难以置信的凉爽。到了秋季,原本恰如热带都市般的校园,逐渐向位于欧美温带都市的大学校园转变。那时也正是光叶榉树的树叶变黄的时候。

樟树是有代表性的常绿阔叶树。但东大校园里为数众多的椎树也是常绿阔叶树的一种,即使是冬季,绿油油的树叶也表现出一种似乎是浸了油一般的光泽,在夏季树叶还会反射夏日的强光。常绿阔叶树曾在日本西部广泛分布,而且还经过中国与喜马拉雅相连,在那里形成了独特的常绿阔叶林文化。

图书馆门前种植的两棵樟树,似乎就是东京大学位于常绿阔叶林带的象征。沿本乡大街排列的高耸的樟树,把城市的喧嚣阻隔在校园之外。即使在冬天也舒展着碧绿叶子的樟树,为校园作出了巨大的贡献。在校园里经常能感受到那种与高楼林立的市中心干燥的、尘土飞扬的空气所完全不同的清洌的空气。

三四郎池周边可谓是一座小型森林。池塘四周并不仅仅是树木的简单集合体,各种植物为追求光照而呈立体分布。许多树的树冠下分布着矮树,矮树下又布满了茂密的杂草。树枝竞相追求光照,因竞争失败而干枯的树枝向我们彰显了竞争的惨烈程度。

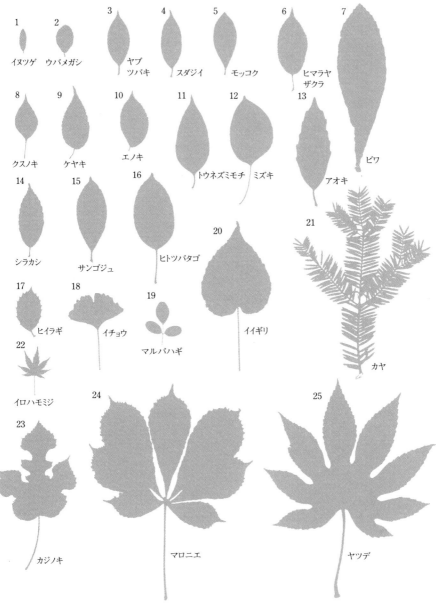

1.犬黄杨　2.乌冈栎　3.野山茶　4.椎树　5.厚皮香　6.喜马拉雅樱
7.枇杷树　8.樟树　9.光叶榉树　10.朴树　11.女贞树　12.灯台树
13.常绿桐　14.青栲　15.日本珊瑚树　16.流苏树　17.柊树　18.银杏树
19.胡枝子　20.山桐子　21.榧子树　22.鸡爪槭　23.构树　24.欧洲七叶树
25.八角金盘
本乡校园里各种树木的树叶形状（树叶的大小差距很大）

在那里能品味到平时被我们忽略了的四季的变化和树木、泥土的感觉。以落叶树为例，从早春开始发芽到树叶展开，长成深绿色的成熟的叶子，夏天过后开始落叶，叶子彻底落光后露出裸露的树干，然后再一次变成带着淡淡紫色的即将发芽之前的样子等。

在留鸟很少的校园里，旅途中前来歇脚的小鸟也向人们宣告着四季的变化。很多小鸟的鸣叫都让人听起来心旷神怡。春夏秋冬各个季节盛开的花就更不用说了。但是，我们往往好欣赏那些自然的、恬静的、从某种意义上说自己认为比较优美的景色，于是豹脚蚊和时或在向阳处缩成一团的青蛇等就会对我们加以惩戒。提醒我们它们也是校园的宝贵一员。

校园里生长着各种各样丰富的树木和花草，既有人工种植的树，也有自然发芽长成的树。仅树木的种类就足足超过上百种，因此本乡校园也堪称大学树木园。另外，校园里四季变化分明，于是也可以称之为具有一定规模的绿洲。对于在校园里居住的人和来往的人来说，这些树木已成了他们工作生活上不可缺少的一部分。大学的宣传刊物上也经常登载有关校内绿化和树木等的文章。令人担忧的是，由于新建筑物的剧增，校园内的树木正在逐渐减少。人们往往只有在失去了之后才认识到其存在的重要性，但是等到那个时候就已经无法弥补了。

校园内有一百几十种树木，这里列举的还不到所有树种的四分之一。尽管如此，从图上还是可以看出各种树木所拥有的各种不同形状的树叶。从轮廓图来看，既有形状非常相似几乎难以区别的树叶，也有像欧洲七叶树那样一眼就能辨认出来的有特点的树叶。

一般来说，树叶呈椭圆形和卵状的植物种类较多，仅靠外形很难判断是哪种树。例如这张图上，流苏树和日本珊瑚树的树叶就很难区别。但是，如果实际看到日本珊瑚树和流苏树的树叶，就不会再有人说这两种树的树叶是一样的了。前者树叶光滑没有毛，而后者树叶的背面却长满了密密麻麻的毛。如果在开花或是结果的季节来看这两种树，那么无论是谁都能非常容易地辨认出它们的不同之处。我认为，如果能够把散步视为一件愉快的事情，其原因之一就是对植物抱有浓厚的兴趣。

树叶变红的大鸡爪槭

育德园的山茶树（摄影：东京大学出版会编辑部）

本郷キャンパス

作成：東京大学総務部広報課
デザイン：黎デザイン総合計画研究所
（本書への転載にあたり一部改変した箇所があります）

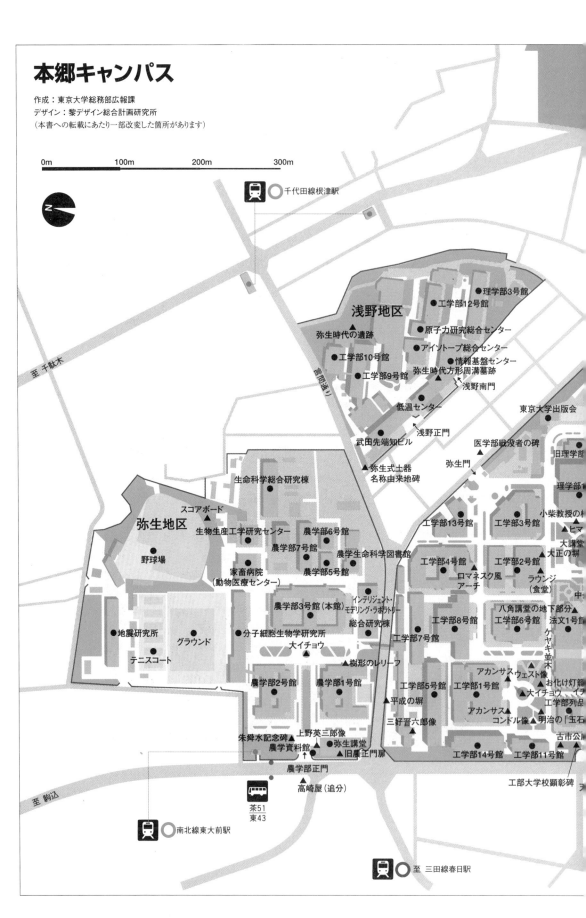

0m　　　100m　　　200m　　　300m

千代田線根津駅

浅野地区
弥生時代の遺跡
工学部10号館
工学部9号館

理学部3号館
工学部12号館
原子力研究総合センター
アイソトープ総合センター
情報基盤センター
弥生時代方形周溝墓跡
浅野南門
低温センター
浅野正門
武田先端知ビル
弥生式土器
名称由来地碑
弥生門

至 千駄木
（言問通り）

東京大学出版会
医学部戦没者の碑
旧理学部
理学部
小柴教授の
ヒマ
大講堂
大正の塀
ラウンジ
（食堂）
中

生命科学総合研究棟
スコアボード

弥生地区
生物生産工学研究センター
農学部6号館
農学部7号館
農学生命科学図書館
野球場
家畜病院
（動物医療センター）
農学部5号館
農学部3号館（本館）
インテリジェント・モデリング・ラボラトリー
総合研究棟

工学部13号館
工学部3号館
工学部4号館
工学部2号館
ロマネスク風アーチ
工学部8号館
工学部6号館
八角講堂の地下部分
法文1号館
ケヤキ並木

地震研究所
グラウンド
分子細胞生物学研究所
大イチョウ
テニスコート

工学部7号館

農学部2号館
農学部1号館
樹形のレリーフ

工学部5号館
工学部1号館
アカンサスウェスト像
お化け灯籠
大イチョウ
イチ
工学部列品
平成の塀
三好晋六郎像
アカンサス
コンドル像
明治の「玉石
古市公

朱舜水記念碑
上野英三郎像
農学資料館
弥生講堂
旧歴正門扉
農学部正門
高崎屋（追分）

工学部14号館
工学部11号館
工部大学校顕彰碑

至 駒込

茶51
東43

南北線東大前駅

至 三田線春日駅

本乡校园

制作：东京大学总务部广报科

设计：黎设计综合规划研究所

（用于本书转载之际图上有部分改变之处）

日汉对照

春日通り——春日大街

本郷通り——本乡大街

言問通り——言问大街

不忍通り——不忍大街

不忍池——不忍池

かねやす——卡奈亚斯（Kaneyasu）

別れの橋跡——别离之桥遗址

丸ノ内線本郷三丁目駅——丸之内线本乡三丁目站

大江戸線本郷三丁目駅——大江户线本乡三丁目站

至　御茶ノ水——至　御茶水

至　三田線春日駅——至　三田线春日站

千代田線湯島駅——千代田线汤岛站

千代田線根津駅——千代田线根津站

南北線東大前駅——南北线东大前站

池之端門——池之端门

龍岡門——龙冈门

旧発電所——旧发电所

ベルツの庭石——贝尔兹的庭石

医学部附属病院東研究棟——医学部附属医院东研究楼

医学部附属病院入院棟B——医学部附属医院住院楼B栋

医学部附属病院入院棟A——医学部附属医院住院楼A栋

旧岩崎邸——原岩崎邸

医学部附属病院内科研究棟——医学部附属医院内科研究楼

医学部附属病院旧中央診療棟——医学部附属医院旧中央诊疗楼

医学部附属病院新中央診療棟——医学部

附属医院新中央诊疗楼

医学部附属病院第1研究棟——医学部附属医院第1研究楼

医学部附属病院管理・研究棟——医学部附属医院管理・研究楼

医学部附属病院外来診療棟——医学部附属医院门诊大楼

医学部附属病院南研究棟——医学部附属医院南研究楼

医学部4号館——医学部4号馆

山上会館龍岡門別館——山上会馆龙冈门分馆

広報センター（旧夜間診療所）——广报中心（原夜间诊疗所）

環境安全研究センター——环境安全研究中心

第2食堂——第2食堂

青山胤通像——青山胤通像

佐藤三吉像——佐藤三吉像

東京大学出版会——东京大学出版会

医学部戦没者の碑——医学部阵亡者之碑

弥生門——弥生门

工学部13号館——工学部13号馆

工学部3号館——工学部3号馆

工学部4号館——工学部4号馆

ロマネスク風アーチ——罗马式拱门

工学部2号館——工学部2号馆

大正の塀——大正时期的围墙

ラウンジ（食堂）——休息室（食堂）

工学部6号館——工学部6号馆

ケヤキ並木——光叶榉行道树

工学部7号館——工学部7号馆

工学部8号館——工学部8号馆

工学部5号館——工学部5号馆

平成の塀——平成时期的围墙

三好晋六郎像——三好晋六郎像

工学部1号館——工学部1号馆

アカンサス——老鼠簕（植物）

ウェスト像——韦斯特像

お化け灯籠——鬼灯笼

大イチョウ——大银杏树

明治の「玉石」——明治时期的"卵石"

コンドル像——康德尔像

工学部 11 号館——工学部 11 号馆

工学部 14 号館——工学部 14 号馆

古市公威像——古市公威像

工部大学校顕彰碑——工部大学校纪念碑

天上大風の碑——天上大风之碑

正門——正门

工学部列品館——工学部陈列馆

法学部 3 号館——法学部 3 号馆

イチョウ並木——银杏行道树

法文 1 号館——法文 1 号馆

法文 2 号館——法文 2 号馆

八角講堂の地下部分——八角讲堂的地下
　部分

銀杏とメトロ（地下）——银杏与麦特罗
　（地下）

中央食堂（地下）——中央食堂（地下）

大講堂（安田講堂）——大讲堂（安田讲堂）

ヒマラヤスギ——喜马拉雅雪松

小柴教授の植えた木——小柴教授种植
　的树

理学部 1 号館——理学部 1 号馆

理学部 4 号館——理学部 4 号馆

理学部 7 号館——理学部 7 号馆

旧理学部 1 号館——旧理学部 1 号馆

理学部化学館——理学部化学馆

ダイバース像——戴沃斯像

記念館エントランス——纪念馆入口

御殿下記念館——御殿下纪念馆

本郷地区——本乡地区

御殿下グラウンド——御殿下运动场

ベルツとスクリバ像——贝尔兹和斯克里
　巴像

ヒポクラテスの木——希波克拉底之树

七徳堂——七德堂

医学部総合中央館（図書館）——医学部
　综合中央馆（图书馆）

山上会館——山上会馆

ナンジャモンジャノキ——流苏树

医学部国際共同研究棟——医学部国际共
　同研究楼

隅川宗雄像——隅川宗雄像

解剖台の顕彰碑——解剖台纪念碑

医学部 2 号館本館——医学部 2 号馆本馆

三四郎池（育徳園心字池）——三四郎池
　（育德园心字池）

浜尾新像——滨尾新像

弓道場——弓道馆

文学部 3 号館——文学部 3 号馆

情報学環・学際情報学府——情报学
　环・学际情报学府

社会科学研究所——社会科学研究所

総合図書館——综合图书馆

教育学部——教育学部

曼陀羅のモザイク——曼陀罗马赛克图

法学部 4 号館——法学部 4 号馆

史料編纂所——史料编纂所

法学政治学系総合教育棟——法学政治学
　系综合教育楼

コミュニケーションセンター（赤煉瓦
　造）——交流中心（红砖建筑）

赤門——赤门

史料編纂所史料庫——史料编纂所史料库

伊藤国際学術研究センター——伊藤国际
　学术研究中心

赤門総合研究棟——赤门综合研究楼

懐徳館基礎——怀德馆础石

総合研究博物館——综合研究博物馆

伊藤国際学術研究センター——伊藤国际
　学术研究中心

理学部 2 号館——理学部 2 号馆

経済学研究科棟——经济学研究科楼

庭園門遺構——庭园门古建筑

東洋文化研究所——东洋文化研究所
懐徳館——怀德馆
明治天皇行幸記念碑——明治天皇行幸纪
　　念碑
医学部1号館——医学部1号馆
医学部教育研究棟——医学部教育研究楼
医学部3号館——医学部3号馆
産学連携プラザ——产学共同研究广场
医・疾患生命工学センター——医・疾患
　　生命工学中心
理学部5号館（留学生センター）——理
　　学部5号馆（留学生中心）
医学部5号館——医学部5号馆
本部棟——本部楼
薬学部——药学部
薬学系総合研究棟——药学系综合研究楼
ミュルレル像——穆勒像

弥生地区——弥生地区
野球場——棒球场
スコアボード——记分牌
地震研究所——地震研究所
テニスコート——网球场
グラウンド——运动场
分子細胞生物学研究所——分子细胞生物
　　学研究所
家畜病院（動物医療センター）——家畜
　　医院（动物医疗中心）
生物生産工学研究センター——生物生产
　　工学研究中心
生命科学総合研究棟——生命科学综合研
　　究楼
農学部6号館——农学部6号馆
農学部7号館——农学部7号馆
農学部5号館——农学部5号馆
農学生命科学図書館——农学生命科学图
　　书馆

農学部3号館（本館）——农学部3号馆
　　（本馆）
大イチョウ——大银杏树
インテリジェント・モデリング・ラボラ
　　トリー——智能建模研究所
総合研究棟——综合研究楼
樹形のレリーフ——树形浮雕
農学部2号館——农学部2号馆
農学部1号館——农学部1号馆
上野英三郎像——上野英三郎像
朱舜水記念碑——朱舜水纪念碑
農学資料館——农学资料馆
弥生講堂——弥生讲堂
旧農正門扉——原农正门门扇
農学部正門——农学部正门
高崎屋（追分）——高崎屋（追分）

浅野地区——浅野地区
弥生時代の遺跡——弥生时代的遗迹
工学部10号館——工学部10号馆
工学部9号館——工学部9号馆
理学部3号館——理学部3号馆
工学部12号館——工学部12号馆
原子力研究総合センター——原子能研究
　　综合中心
アイソトープ総合センター——放射性同
　　位素研究综合中心
情報基盤センター——信息技术中心
弥生時代方形周溝墓跡——弥生时代方形
　　周沟墓遗址
浅野南門——浅野南门
低温センター——低温中心
浅野正門——浅野正门
武田先端知ビル——武田先端知大厦
弥生式土器名称由来地碑——弥生式土器
　　名称由来地之碑

东京大学的变迁

插图1

插图1　加贺藩江户时代〔小石川·谷中·本乡平面图,尾张屋板、嘉永6年（1853年）再印刷本〕,现东京大学校址当时是加贺藩主在江户的府邸。

插图 2

插图 2　明治 16 年（1883 年）前后的东京大学本乡校园
在三四郎池的南侧还可看到旧附属医院、原文部省所属的音乐教育机关（东京艺术大学音乐学部的
前身）、外国人教师馆等。
（东京府武藏国本乡区本乡元富士町附近，参谋本部陆军部测量局《五千分之一东京地图测量原图》
建设省国土地理院收藏）

插图3

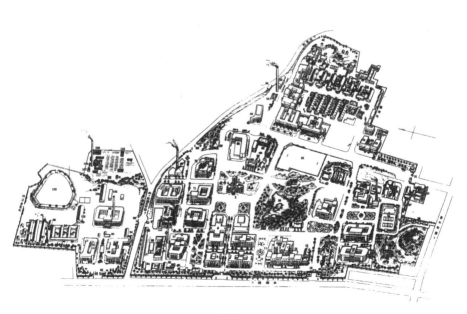

插图4

插图 5

插图 3　关东大地震发生前的本乡校园（大正12年，即1923年）

（根据东京帝国大学校园平面图加工整理）

1877年大学创立以后，历经半个世纪终于建设完成了明治时期的大学校园。各学科校舍环绕校园正门后方约100×200米的巨大前庭而建，其他建筑除留出最小限度的校园道路和庭园、运动场以外，均密集排列。

插图 4　第二次世界大战前的本乡校园（昭和14年左右，即1939年左右）

（东京帝国大学校内建筑鸟瞰图）

根据内田祥三制定的灾后校园重建计划，形成了整齐的校园结构。由林荫路连接的多个中等规模的广场代替了原来明治时期宽广的前庭，建筑物面积共计3 000坪，各栋建筑被统一修建为地上三层并设有采光天井的形式。另外还新争取到原前田邸用地和弥生地区，再加上之后新增的浅野地区，校园扩大至今日之规模。因战争激化，这一时期的灾后重建工程结束。

插图 5　从空中俯视现在的本乡校园

（东京大学新闻社提供）

校园用地面积共计55公顷、建筑物总面积90万平方米的大型校园。除教养学部外，校园内集中了9个学部，学生和教职员工共计约2万人在此学习和工作。右上方是上野公园和不忍池。

帝国大学成立之前的东京大学沿革

```
1684年12月          1811年5月              1855年1月        1857年1月
● (天文方)────(蛮书和解御用)──(洋学所)──蕃书调所(日本最早的研究外国的机构)

        1862年5月                    1863年8月                      1868年9月      1869年6月
        洋书调所(洋学教育机关)─开成所(洋学研究教育机关)─开成学校─(大学校分局)

   1870年12月    1871年7月    1872年8月                              1877年4月    1886年3月
   大学南校──南  校──第一大学区第一所中学                东京大学    帝国大学
                                                              (法理文·医)
   1873年4月                      1874年5月
   (第一大学区)开成学校──东京开成学校                              1885年9月
                                                                   合并至法学部
   1792年8月          1868年6月    1869年6月
 ● 昌平坂学问所──昌平学校──大学校                                    与1885年设置
                                                                    的工艺学部合
        1870年12月    1870年7月    1871年7月                          并为工科大学
        大   学──(封校)──(废校)
                                                                    1890年6月
  1858年5月  1860年10月      1861年10月    1863年2月  1868年6月        创立农科大学
 ● 种痘所─(幕府移管)─西洋医学所─医学所─医学校
                                        1868年闰4月
                                        兵营医院
     1868年7月  1869年2月        1869年6月        1869年12月
     大医院─医学校兼医院─(大学校分局)─大学东校
     1871年7月  1872年8月            1874年5月
     东  校─第一大学区医学校─东京医学校

   1871年9月              1872年7月
 ● (司法省明法宿舍)─法学校正则科
        (文部省移管)东京法律学校
        1884年12月

   1871年8月        1873年8月  1877年1月    1885年12月
 ● (工部省工学宿舍)─工学校─工部大学校─(文部省移管)

   1874年4月          1877年10月 1881年4月        1882年5月
 ● 内务省农事修学场─农学校─(农商务省移管)─驹场农学校
                                                      1886年7月
                                                      东京农林学校
   1877年12月            1881年4月        1882年11月
 ● (内务省树木试验场)─(农商务省移管)─东京山林学校
```

(出自东京大学庶务部学务科编《东京大学概要(平成3年度)》)

漫步路线一

赤门·医学部

史料编纂所仓库

池之端門

旧発電所

▲ベルツの庭石

学部附属病院東研究棟

医学部附属病院入院棟B

内科研究棟

病院旧中央診療棟

医学部附属病院入院棟A ▲旧岩崎邸

病院管理・研究棟

学01
学07

医学部附属病院新中央診療棟

医学部附属病院外来診療棟 医学部4号館

医学部附属病院南研究棟

ツとスクリバ像

クラテスの木

▲ミュルレル像

総合中央館 薬学系総合研究棟 山上会館龍岡門別館

書館） 薬学部

宗雄像 本部棟 広報センター（旧夜間診療所）

の顕彰碑

医・疾患生命工学センター ← 龍岡門 学01
学07

医学部教育研究棟 理学部5号館
（留学生センター）

医学部5号館

医学部1号館 医学部3号館 産学連携プラザ

科棟

懐徳館

号館

東洋文化研究所 明治天皇行幸

徳館基礎 総合研究博物館 庭園門遺構

図：摘自《东京大学本乡校园地图》（东京
大学总务部宣传科制作，株式会社黎设计综
合规划研究所），摘录时部分有所改变。以
下各章扉页同（整体图请看第22页）。

大名宅邸之华丽
——赤门

众所周知,本乡校园的用地曾是加贺藩前田家等大名的江户宅邸。大名宅邸的特色之处在于御殿建筑,以及与其相并列的庭园、环绕庭园的围墙、大门等。至今还保留着赤门和育德园心字池(三四郎池)等古迹的本乡校园,以超乎人们想象的程度完美地展现着它们往昔的模样。

赤门朱漆颜色光润,给朴素的校园增添了一抹华丽。因洲池田家江户宅邸的正门——黑门,现被迁移并保存在上野国立博物馆。黑门四周设置了高高的铁栅栏,平时根本无法靠近。与此相比,赤门与黑门虽然同为"重要文化遗产",但东大却把赤门当作便门来使用,人们可在赤门自由出入,这种对古迹的活用不禁令人为之喝彩。

赤门建于1827年,是前田齐泰为迎娶德川家齐将军的第21女溶姬(偕子Tomoko)而建。赤门的修建沿袭了药医门这一建筑样式,按照当时从将军家迎娶夫人的惯例,把门涂成了朱红色。据考证,现在同种类的门仅此一处,第二次世界大战前被定为国宝。

赤门在关东大地震发生时虽出现了瓦片脱落等情况,但整体上只受到了些轻微的损害。虽然采用的是巨大瓦顶且上部重的建筑样式,但是当时整个结构有弹性地承受了地震压力,受到的损害很小。相反,由杰出建筑师设计建造的工科和法科等的砖造校舍,却在地震时都遭到了严重的损坏。出自名不见经传的木匠师傅之手的赤门,向人们展示了历经长久岁月千锤百炼形成的建筑样式和建筑技术的强大一面。

昭和35年(1960年),学校对赤门进行了全面的解体修缮。这是继明

明治20年代左右的赤门　可看到纸罩蜡灯的门灯和空城壕、学校门匾等。（摘自《东京帝国大学五十年史》）

现在的赤门（摄影：木下直之）

梅花纹饰　　　　　　　　　　　　　大学的纹饰（摄影：笔者，左同）

治末期整体迁移之后的第一次修缮，不仅重新涂了漆，而且还把瓦垄墙也修葺一新。2002年，学校还整修了赤门周边环境，正面茂密的树丛被清除，地上也铺满了白色的碎石子。赤门附近变得开阔而明亮，就连瓦垄墙也清晰可见。纯白色的灰浆衬托着朱红色漆和黑色筒瓦，非常美丽。

　　白沙和碎石子在日本庭园里一般被比喻为海洋或河流。一直到大约明治30年（1897年）以前，赤门前还保留着加贺藩邸时期的空城壕，城壕底部曾铺有沙子和碎石子。且不论它是否是受了在城周挖护城河以加强防御的城郭的影响，白色碎石子之所以与赤门相称，大概是跟赤门前原本存在的城壕（用铺沙子来比拟河水的城壕）有一定的关系。

　　现在的瓦垄墙，在明治维新以后，曾有段时间是用木板搭设的。江户时期的状态虽不甚明了，但是在明治36年（1903年），为建造医科大学的校舍，把赤门向本乡大街方向迁移了大约15米，当时修建了今天大家所看到的瓦垄墙。

　　移门时，连同门前原有的像纸罩蜡灯似的一对门灯也一起搬到了现在的位置。赤门于2001年正月起曾有段时间点亮了轮廓照明灯。到了夜晚，赤门在华灯映照下竟显现出一派神圣庄严的景象，一时成为人们谈论的话题。与此相比，明治时期的灯虽然光线暗淡，即使点亮了也如同没有点灯一般，但是反过来微弱灯光映衬下的朱红色，在远比现在更黑暗、更寂静的城市里，必定是庄严、娇媚、光洁可爱地浮现在人们的眼前。遗憾的是，现在那对门灯已经消失不见了。

赤门遗失的物品中，还有明治中期以前一直悬挂在门上的学校门匾。足有一人高左右的巨大木板上写着"帝国大学"四个字。也许是明治30年（1897年）在京都成立了第二个帝国大学，因而不方便再悬挂了的原因吧，从那以后门匾就被摘了下来。

明治时期，在正门上也曾挂过学校的门匾，与赤门相同的是，这个门匾在明治末期也消失不见了。从那以后，本乡校园的门上就再也没挂过门匾之类的牌子。虽说有些奇怪，但这也可以说是东大的一个传统，即一百多年来不挂门匾一路走来的传统。

（岸田）

希波克拉底之树

"希波克拉底之树"指的是悬铃木（又名法国梧桐）。

悬铃木从希腊开始经巴尔干半岛分布于小亚细亚。自古以来，以欧洲南部和西亚为中心，在各地被作为绿荫树而广泛种植。

巴黎和日内瓦等历史悠久的植物园里生长着非常漂亮的悬铃木。因树皮大块裂开脱落，所以形成了独特的条纹形

医学图书馆入口附近的希波克拉底之树

状。球状果实从相连的花轴垂下来，貌似在山野中修行的僧侣们挂在脖子上的"麻布罩衣"，因此产生了悬铃木这一日本名（注：麻布罩衣的日语读音是suzukake，悬铃木的日语读音是suzukakenoki）。

据说，生于公元前5世纪，被称为"医学之父"的希波克拉底（Hippokrates）曾在悬铃木下给弟子们授课。那棵树，至今还伫立在希波克拉底的出生地——希腊的科斯岛。

悬铃木学名是Platanus orientalis。常常会长成树高40米树干、直径超过2米的巨树。在北美自然生长了另一种悬铃木，即美国梧桐。这两种树杂交形成的英国梧桐，现在被作为行道树而在全世界广泛种植。

悬铃木传入日本的时间目前还没有定论。据史料记载，于明治40年（1907年）左右，位于神奈川县小田原的辻村农场曾从欧洲进口悬铃木的种子，培育树苗，并通过埼玉县安行的苗木商销售。

科斯岛位于与土耳其安纳托利亚半岛相连的罗得岛和萨摩斯岛之间。1972年，雅典的托马斯·多夏迪思博士（Thomas Doxiadis）把用科斯岛老悬铃木种子培育出来的小树，赠送给本校名誉教授绪方宫雄博士，绪方博士又把它捐赠给本校。绪方博士在捐赠时指定将这棵树种在医学图书馆。也许是图书馆这个地方很适合它生长的原因，这棵树正顺利地茁壮成长着。能在悬铃木下享受绿荫，好似美梦常在，沉醉不醒。

（大场）

本乡大街上的樟树
——由树高超过20米的巨树组成的行道树

本乡大街沿线耸立着一排高大的樟树。也许是树冠的位置远远高于人们视线的缘故，所以很多人都没有注意到。这些树比车道和人行道之间种植的银杏树高一倍以上。

树木大致分为阔叶树和针叶树两种。无论是阔叶树还是针叶树，它们又都分为两类，一类是全年树叶青翠繁茂的常绿树，另一类是每逢冬季或干季就落叶的落叶树。常绿阔叶树林分布在以热带为中心的高温多湿地区，落叶阔叶树林分布在到了冬季就低温寒冷的温带。东亚年平均气温在13度到21度之间，于是在全年植物降水充足的地区会出现常绿阔叶树林。这种森林的主要树种是壳斗科的橡树和椎树、樟科的红樟树等，这些树的树叶都绿油油的富有光泽，被阳光照射时会反射太阳光，因此被命名为"照叶树"（即常绿阔叶树）。由这些树形成的森林就是常绿阔叶树林。其中，樟树是有代表性的常绿阔叶树。

明治时期日本具有代表性的出口商品——樟脑就是从这种树上提取的。樟树的学名是Cinnamomum camphora。学名开头的第一个词被称为属名，樟树的属名Cinnamomum来自肉桂的古希腊语名。学名后面的那个词是种小名，指樟脑。从樟脑产生的词有樟脑液剂、樟脑液注射等。这是把樟脑溶解到橄榄油里制成的，用于加强濒死之人心脏的功能。

樟树虽然生长速度快，但木质细致、坚硬、不变形，除作为建筑木材外，还经常被用于雕刻佛像等。而且，樟树含油成分多，抗虫害。尤其是在虫害发生率高的气候温暖地区，人们非常重视使用樟木。另外，正因其树木高大所以用途也很广。位于安艺宫岛的严岛神社以建在海中的大鸟居（注：神社入口的牌坊）而闻名遐迩，鸟居的两根柱子就是用完整的巨大樟木做成的。此外，樟木耐水性强，还被用于造船。

樟树分布在越南、中国直至日本南部。在日本，樟树广泛分布于本州地

本乡大街上的银杏树和樟树

区伊豆半岛以西,但是在日本海沿岸的京都府、太平洋沿岸的福岛县以北却都不产樟树。三浦半岛和房总半岛也很少能见到樟树。在东京,几乎看不到由樟树组成的行道树。更何况是由树高超过20米的巨大的樟树组成的行道树,就更罕见了。

在明治18年(1885年)以及明治30年(1897年)的校园平面图上,赤门和正门之间的界线与现在不同。即在西侧向现在的道路这边伸出。然而大正12年(1923年)的平面图上却已经变成了现在的样子。从这点可以判断,这些成排的樟树很有可能是在大正12年关东大地震发生后种植的。大概经过了80年的漫长岁月,这些樟树才终于长成如今这般壮观的林荫树。

成排的樟树不仅把城市的喧闹遮挡在校园之外,而且在净化空气上也发挥了巨大的作用。站在本乡大街的另一侧眺望校园,整个校园看起来就像是一个披着由巨大树丛制成的铠甲的、绿意盎然的空间。这可以说是樟树的功劳。震灾后的校园重建计划中,设想沿校园外周种植樟树的设计师们,是否预见到了这些伟大樟树的今天,当时他们又是出于何种原因而选择樟树的呢?

如其他章节所述,附属图书馆和讲堂前的广场上也各种植了一对樟树。从这一意义上也表明樟树对本校来说是象征性的树。即使作为行道树,樟树在东京大学也占有极为重要的地位,是校园内具有代表性的树木,其地位仅次于银杏树和光叶榉树。

(大场)

明治的余晖
——赤门旁边的红砖建筑

赤门两侧,静静地伫立着两栋红砖建筑。北侧的平房,是明治43年(1910年)作为图书馆的装订厂而建造的,是校内现在正在使用的建筑物中最古老的建筑。

当时工匠的手艺很高超,墙壁砖缝连接坚固,基本没有偏差之处。木制门还保持着当时的样子,金属铺就的房顶下面,联排的木造小屋也保存得非常完好。

大学法人化后，这一红砖建筑骤然间变成了"交流中心"。镶嵌的大玻璃窗虽然使之变成了新颖的开放式结构，但房檐使用的是金属材料，脚下还裸露着混凝土。虽然使大学最古老的建筑得以重生，但是从校内的立场来说，却已经看不出它本来的面目。

赤门南侧的建筑物是原资料编纂处（现史料编纂所）的仓库，于大正5年（1916年）建成以后，一直被作为保存历史史料的仓库而使用。近几年，进行了内部装修，把窗户换成了铝制窗框。因为原本是被作为史料库而

史料编纂所仓库　窗户上装有明治时期的钢制百叶窗。（摄影：笔者，以下两张照片也均为笔者拍摄）

设计的，所以大概是为了防盗防火，所有门窗都装上了铁门和像帷子一样的百叶窗。现在，除入口处的铁门外，其他的都因腐烂而无法使用，这些钢铁材料也因生锈而膨胀，导致窗框周围的砖墙遭到严重破坏。另外，房顶飞檐也腐烂了，形势非常严峻。

建筑物内部分为三层，天棚低矮。柱子和楼梯都是铁制的，为防止室内燃起的大火蔓延到其他楼层，楼梯被设计成能够用铁门封闭的形状。宝贵的史料被放置在楼层的最上层，为避免平放的史料被湿气腐蚀，就连书架的搁板也都是用金属的格子制成的。

修建校园时，史料编纂所曾位于进赤门以后右手方向，即现在的经济学部所在的位置。当时将原医学部本馆的木造西洋馆搬迁至此，并将其划归为史料编纂所使用。史料编纂所紧挨着史料库，两个建筑之间用遮雨的房盖相连。

支撑史料编纂所仓库入口上方屋檐的钢铁构架是古老的用铆钉铆住的架子，不知道是否是当时遗留下来的。树枝伸展过来像要把屋檐盖住似的，即使是白天这里光线也比较暗。如果从中走出抱着古书带着圆眼镜的人，

史料编纂所仓库山墙上的浮雕　　　　　　原图书馆装订厂（现在的交流中心）

肯定会让人产生恍若回到大约90年前的感觉。

史料编纂所仓库的山墙上镶嵌着灰白色的四角形浮雕。由正方形和圆弧组成的抽象图案，把面无表情的山墙巧妙地紧凑在一起。

原图书馆装订厂和史料编纂所仓库这两栋建筑均建在与本乡大街沿线相连的绿地一角。赤门也位于成排的樟树之间，非常醒目。虽然形状完全不同，但古色古香的红砖建造的西洋馆与周围环境完美地融合在一起。与赤门自修复以来历经40年的素雅的朱红色相比，这些红砖建筑更能让人感受到历史的久远。绿树映衬下的红砖建筑，似乎超越了外表的异同，既保持独立又互为呼应。

（岸田）

窗户的变迁

窗户的形状和材质在这100年里发生了巨大的变化。大学建筑中最古老的窗户，大概要数赤门北侧原装订厂的窗户了。那里的窗户是木制的拉窗（上下窗），玻璃是用泥子固定的。

铁制窗户中，大正13年（1924年）竣工的工学部2号馆的窗户较为古老。是那种左右两面开和旋转拉窗相组合的窗户，听人说那是日本最早的钢制窗框，但这一说法目前尚无定论。平成12年（2000年），钢制窗框被替换成铝制窗框，其中替换下来的一部分窗框被保存起来。

大正3年（1914年）竣工的法文八角讲堂的外壁，被原样埋藏在法文1号馆北侧地下。腐朽的钢制窗框如果是大正3年使用的原物，那么年代就更久远了。

现在还在使用的钢制窗框中，数大讲堂的窗户最为古老。其修建时间是大正14年（1925年），是那种左右两面开的细格窗户，窗扇上的玻璃用泥子封住。近几年，以漏雨严重的钟楼部分为中心对其进行了维修改造。在维修工程中，尊重原有的细条框设计，窗框采用不生锈的耐大气腐蚀钢制作。

第二次世界大战后短时间内也曾使用过钢制窗框，但使用这种窗框制作的推拉窗，密封度差，透风严重，因此昭和50年代以后，铝制窗框就占据了主流地位。然而，昭和51年（1976年）竣工的理学部5号馆（丹下健三），

埋在法文1号馆地下的最古老的钢制窗框

原装订厂的木制拉窗

法学部分馆的铝制框架玻璃幕墙

弥生讲堂的钢制窗框（摄影：笔者，其他3张照片均为笔者拍摄）

却通过使用耐大气腐蚀钢，使在细长框上镶嵌大块玻璃的窗户得以实现。这是一个重新评价钢制窗框的优点，并使之得以再使用的例子。

以往的窗户，除采光和眺望之外，还重视其在通风上所起的作用。但在高层建筑增加，空调日益先进的今天，屏蔽比过去严重的室外噪声变得更为重要。

如今玻璃也比以前更为先进，能隔热的高性能玻璃开始被使用。最近发展的趋势是，使窗户的视野最大化，但是却使开口度最小化，同时提高其密封性和隔音性。

本乡大街沿线绿地上建造的弥生讲堂（香山寿夫、平成11年，即1999年）和法学部分馆（槙文彦、平成16年，即2004年），外墙全部用玻璃建成，没有所谓的"窗户"。透明的玻璃在视觉上把校园内外的风景连接在一起，即使在室内也能享受到绿地的感觉。周围的历史环境映照在玻璃上，与对面看到的城市风景交织重叠在一起，从而使整个设计大放异彩。

（岸田）

消失的"群山"

—— 椿山和荣螺山

校园内曾有两座"山"。一座位于进赤门后右手方向，现在的经济学部校舍所在地。山上因盛开着美丽的山茶花而被取名椿山（注：日语"椿"的词义是山茶花）。不知是哪个院系排出的污泥渗入了椿山，所以曾有人担心山上会有破伤风杆菌。再加上，很久以来就有人认为椿山是原始时代的古坟，还有人说如果登椿山就会遭到报应，等等。

古坟之说，经发掘调查已经有了结论。发掘出来的，只不过是以前建在山上的供奉浅间大明神的神社的台阶石而已。后来因为要在椿山修建经济学部的校舍（昭和40年，即1965年）等，山体被整个摧毁。

消失的另一座"山"，曾被称为"荣螺山"，其山顶位于现在的综合图书馆东侧、弓道馆附近。是前田利常侯爵为思念家乡金泽兼六园里的"荣螺山"，而用修建育德园时挖出的沙土修筑的假山。江户时代的平面图显示，

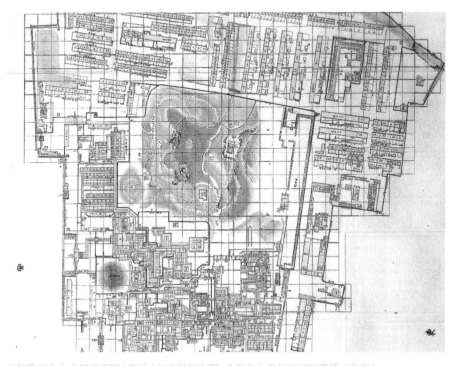

加贺藩江户上宅邸平面图（部分）（19世纪中期，金泽市立玉川图书馆藏清水文库）

本乡校园构想图（部分）（放大了图上椿山所在的位置）（昭和6年以前，岸田日出刀绘制）

当时的荣螺山是座略微隆起的山丘，整座山被类似杉树之类的树林所覆盖。当时，此山被誉为望富观，据说前田侯爵曾在此登高远眺品川的大海和富士山等。即使是现在，在天气晴朗的日子，站在楼层高的地方，还可以往西看到富士山和丹泽，往北看到筑波的群山，所以那个传说大概是真实的。

明治30年代，这个据说高达数十米的荣螺山也因建造医学部的校舍而被摧毁。现在，大家依然称校园西侧的高地为"山上"，东侧的低地为"山下"。想象一下从医院方向远眺到的百年前的风景，育德园一带茂密森林的对面，椿山和荣螺山等"群山"连绵起伏若隐若现，可真切地感受到地势的高低落差。

明治初年，前田宅邸的御殿群被烧毁后，开始在这里修建本乡校园。为了修建大学所必需的各项设施，学校在这块土地上孜孜不倦地持续开展了各项工程建设。这期间，正如椿山和荣螺山的消失一样，古老的历史风光一个又一个地消失了。

绘制了内田祥三校园规划的油画（1931年）上显示，椿山当时被保存为绿地。这固然是内田基于相比各个单体建筑而言更加重视校园整体环境的设计理念所作出的判断，但是，对于往往只关注眼前建设，而忽略整体环境的我们来说，这张画上依然有很多值得我们学习的地方。

（岸田）

校园里的"贵妇人"
——医学部本馆及其前身

本乡校园内有20多座内田哥特式建筑。倘若让我从中选出最美的建筑，那么我会毫不犹豫地选医学部本馆（医学部2号馆）。虽然该建筑尚未完工，但是我从它的身上可感受到其他建筑所没有的稳重和华贵。

建筑物的布局非常绝妙。医学部2号馆位于赤门对面，校园内一个格外显眼的位置，它同时也是医学部的本馆。建筑物虽面向赤门，但是却并不是与赤门平行，而是角度稍微有些偏斜，另外它与从医院路方向过来的上坡路的走向也有些微妙的不同。建筑格局有种用语言无法表达的柔和之感。

建筑物外观的密度也掌握得恰到好处。建筑物正面，窗户上面的弓形结构和间柱、柱型及其顶部的装饰等演绎出一种细腻的节奏，与宽敞的白色正门门廊形成鲜明的对比。正面两端向前隆起的凸窗，在暗示建筑物中心的同时，将整个建筑巧妙地紧密结合起来。整个建筑细腻但又保持整体的大平衡，明确地突显中心但又不夸张。

未完工的建筑物背面，风格突然转变为一种"凌乱"之感。被突然停工的样子虽有些凄惨，但突出的巨大的采光用玻璃墙、方向微偏的门廊等，都分外潇洒地融入到周围的绿化中。因为未完工，所以可以有种种想象的乐趣。

进入建筑物内部，以阶梯教室为中心，解剖室、见习室、标本室、研究室等各种房间立体组合，变化多样。后面一圈一圈旋转的楼梯间也非常有趣。

从建筑物的位置和特性来看，无论怎么大力经营都不为过。尊重并合理利用原有条件，同时仅稍微巧妙地游离在条件限制之外的从容，使建筑物产生了一种独特的气质。昭和12年（1937年），建筑物大体竣工。在内田哥特式建筑即将开始动摇之前，一个堪称校园内"贵妇人"形象的建筑静静

医学部本馆（摄影：GA摄影工作室）

地出现了。

　　附带说一下，现在的这座建筑是医学部的第二个本馆。最早的木造本馆被整体搬迁到小石川植物园的一角。木造本馆修建于明治9年（1876年），当时是医学部的前身、东京医学校的本馆。明治40年代以前，木造本馆一直位于现在的附属医院门诊楼附近。

医学部本馆的背面　玻璃墙是第二次世界大战后改装的（摄影：笔者）

　　木造本馆的特点是，一种模拟西方风格的、日西合璧的建筑样式。昭和45年（1970年），木造本馆被指定为重要文化遗产。2001年，这座建筑被全面整修和扩建，脱胎换骨变成了东京大学综合研究博物馆分馆。

　　现在的本馆斜对面，正在修建

新的医学系研究楼。以前的医学部本馆，在历经了120年的岁月洗礼后，迎来了另一个新生。那么，60年前诞生的"贵妇人"，等待她的又将是怎样的未来呢？

（岸田）

博士的肖像
—— 在世时的容貌

　　本乡校园里究竟有多少肖像画和肖像雕刻，要想掌握全貌不是一件容易的事。迄今为止，大家曾多次进行过调查，1998年在综合研究博物馆甚至举办过以"博士的肖像——人为什么要留下肖像"为题的展览会，校园内存在的肖像画及肖像雕刻的特点虽已调查清楚，但是目前尚未形成完整的目录。

　　校园内的肖像大部分是曾在这所大学任教的教授的肖像。肖像画必然得被挂在室内，因此外人难以见到。但是有很多肖像雕刻被设在了室外，任何人都可以站在雕像前瞻仰。因这些雕像基本上毫无例外都是青铜制造，所以在这里亲切地称之为"铜像"。以下根据本文的结构主要向大家介绍至

医学部的铜像群

少13个人的铜像。

这13个人中有6位隶属于医学部，一位隶属于药学部，一位隶属于理学部，4位隶属于工学部，还有1位是校长。从人数分布看，医学部和工学部教授被刻成铜像的较多，加上室内设置的雕像，据目前掌握的数据，医学部教授40人，工学部教授18人，由此可看出这两个学部的学生希望能把恩师在世时的容貌留在铜像上的愿望更为强烈。因此，本文所介绍的铜像也主要集中在"赤门·医学部"地区和"工学部"地区。

首先，我们来到现存最古老的铜像前。在一座能俯视到附属医院的小山冈上伫立着利奥波德·穆勒（Leopold Müller）（1824~1893）的铜像。因穆勒曾担任德国陆军军医少佐，所以他的铜像被雕刻成穿着军装的样子，与其他铜像相比显得有些特别。当时的明治政府决定引进德国医学，于是穆勒应明治政府的聘请，于1871年与海军军医少尉特奥多尔·霍夫曼（Theodor Eduard Hoffmann）一同来到日本。穆勒曾在东京大学医学部的前身（东校）、第一大学区医学校、东京医学校教授过外科、妇科、眼科，霍夫曼教授过内科。任期虽仅为三年，但穆勒和霍夫曼两人在日本播下了德式医学教育的种子。之后，贝尔兹（Erwin von Baelz）和斯克里巴（Julius Scriba）发展了日本德式医学教育，两个人的铜像位于穆勒铜像的对面。

穆勒在东京大学创立之前就已经回国，在德国担任柏林伤残军人院院长，1893年因病逝世。接到这一噩耗的弟子们，于1895年穆勒的三周年忌辰修建了此铜像。当时留有一张被认为是穆勒从东京医学校辞职时穿军医正装军服拍摄的照片，雕刻家藤田文藏以这张照片为版本雕刻了穆勒的铜像。藤田在工部美术学校师从拉古萨（Vincenzo Ragusa），是日本雕刻艺术创始期西洋式雕刻家之一。后来藤田

利奥波德·穆勒像

被聘为东京美术学校教授。穆勒的铜像，是日本雕刻家制作的室外雕刻中最早期的作品。

请大家仔细观察铜像的台座。当时不仅铜像制作是一个新的尝试，就连把它放在什么样的台座上这一问题，也没有先例可循。当时由建筑家河合浩藏负责该台座的设计。当然，日本自古以来就有纪念亡者的纪念碑，其多数都是在石碑上雕刻赞美之词。河合将这一方法引入台座的制作当中。台座正面的"Dr. Müller"模仿的是穆勒本人的笔迹，台座上雕刻了由文学博士岛田重礼起草、解剖学教授田口和美的长子——书法家田口茂一郎（米舫）书写的碑文。

1959年，铜像被盗。之后，学校设置了用混凝土做的仿制品，后来又复原了青铜制雕像。1975年6月28日，举行了穆勒铜像修复揭幕仪式。从铜像被盗到铜像复原中间经过了四分之一世纪，而这距离最初建立铜像的时间则足有百年之久。对于铜像来说，其最大的敌人莫过于时间的流逝。这是因为，铜像主人（被称为像主）的名字，将随着时间的流逝而被人们遗忘。还有一个原因就是，认识铜像主人的人也渐渐逝去。在石碑上刻字，虽说是为了防止遗忘，但是石碑也难以避免最终被风化的命运。

不久前，在穆勒铜像旁，曾并排摆放了医学部教授青山胤通（1859~1917）和药学部教授下山顺一郎（1853~1912）的铜像，后来这两座铜像随着药学部楼的修建，而被移走了。

青山胤通出生于江户，是美浓苗木藩士之子，1882年毕业于医学部。受贝尔兹的推荐于翌年赴德国留学，专修内科学。回国后任医科大学教授，从1901年起担任医科大学校长。夏目漱石的小说《三四郎》里有这么一段文字，坐在人力车上的三四郎"冲进赤门时，法文科上课的钟声响了起来。三四

青山胤通像（摘自木下编《博士的肖像》）

郎在平时这个时候一般都是拿着笔记本和墨水壶进入八号教室。三四郎想就算少听一两个小时的课也没关系,径直坐车奔向青山内科的大门口",这里所提到的"青山"就是青山胤通。

铜像建立于1920年,台座背面雕刻了追慕故人的碑文。从青山去世那年开始推算,大概也与穆勒相同,是在三周年忌辰时由学生们建立的。雕刻家是新海竹太郎(1868~1927)。新海竹太郎出生于山形县一个做佛像的手艺人家庭,来到东京后跟从雕刻家后藤贞行学习西洋雕刻,后赴德国留学。回国后于明治和大正时期亲手制作了很多铜像。本乡校园里,除青山的铜像外,康德尔的铜像也是新海制作的。

青山铜像的看点之一是就连他的动作也被刻画出来。大部分铜像都是没有手足的胸像,只通过刻画容貌来追慕故人,而青山的铜像,虽然只多刻画了一只手,但是这只手却使整个铜像的表情变得格外丰富。青山手指里夹着雪茄烟的动作,一定是深深地刻在了他的学生们的脑海里。

青山铜像的另一个精彩之处是,具有现代风格的时髦的台座。它与康德尔的铜像也有共同之处,都完全是1920年代风格的设计。不知道是新海亲自动手做的,还是由别人做的。

下山顺一郎像

下山顺一郎的铜像,与潇洒的青山铜像形成了鲜明的对比,给人以粗壮的感觉。也许他本人就给人以那种印象吧。曾是犬山藩士之子的下山与青山是同一代人,两人出生的环境基本相似。从少年时代到青年时代,其赖以生存基础的藩消亡了。武士的儿子已经不再是武士的时代到来了。1878年,下山以医学部制药科第一期学生的身份毕业,不久赴德国留学,回国后在刚刚成立不久的医科大学药学科任教授。药学部从医学部独立出来虽然是第二次世界大战以后的事,但下山作为其创

建者,其功绩一直被人们所称颂。下
山铜像建立的时间是1915年,也是
在三周年忌辰时建立的。

　　雕刻家是武石弘三郎(1877~
1963)。武石在东京美术学校师从长
沼守敬之后,赴比利时留学。他还专
修了大理石雕刻,回国后作为肖像雕
刻家而成名。医学部教授的铜像中,
经武石之手雕刻的铜像很多,仅能够
确认的就有五座。此外,工学部教授
三好晋六郎的铜像也是武石创作的。

　　医学部2号馆和医学部图书馆
之间,静静地伫立着医学部教授隈川

隈川宗雄像

青山胤通像的现状,右边远处是佐藤三吉像。(摄影:笔者)

宗雄（1858~1918）的铜像。隅川曾在德国学习生理病理化学专业。非常有趣的是，台座上雕刻了鸡的图案，这大概是与他的研究有着很深关联的动物吧。其雕刻家是朝仓文夫（1883~1964）。朝仓在东京美术学校师从藤田文藏、白井雨山。

（木下）

"整修"的曙光与阴影

最近正在整修的建筑物中，除第二次世界大战前的建筑外，还有很多昭和三四十年代的建筑。很多内田哥特式建筑被作为创造校园历史环境的一分子而给予了高度评价，在整修时很多人都提出了宝贵的意见。但是，在对第二次世界大战后建筑物的整修工程中，有些建筑设计对如何更好地立足于历史环境的讨论则不够充分。

还有些建筑，甚至还没有充分地讨论这所建筑的存续对描绘校园未来蓝图的影响，就已经被整修了。这种优先考虑如何以低成本来消除老化设施的想法，在各种意义上都是非常令人担心的。

这种整修进行到最后，究竟会出现什么样的校园呢？结构存在安全隐患的"破旧建筑"虽暂时消失了，但是极端"老朽化"的校园环境却出现了，打个比方说，很有可能会出现病虽然治好了，但是病人却已经死了的情况。

一般认为，对旧建筑改造利用的成本，应低于新建一个同等面积、同等规模的建筑。但是，旧建筑的存在导致校园土地利用效率低，建筑用地匮乏，有时还会成为对整个校园环境进行统一规划的障碍。所以，在整修时是应该具体情况具体处理，还是必须把校园环境涵盖在内进行综合地讨论，这才是整修建筑物所必须经过的探讨。

建筑物除了提供直接的便利性之外，还有一重要作用，就是创造出色的环境。不论是新建，还是整修，人们在规划时往往好偏重种种具体的、短期的课题和利弊等，但是这时更需要的难道不是从更宏观的角度做出的判断吗？这是因为环境一旦失去，再想恢复，就需要比破坏时花费多得多的努力和时间。

对旧建筑的整修也出现了一缕曙光。赤门旁边的经济学部旧馆是昭和40年（1965年）建成的混凝土墙面建筑，在整修时，修建了粘贴纹理墙面砖的墙壁与暗色钢铁框架相结合的且起加强结构作用的双重墙壁（2003年、香山寿夫）。上下变换表情的设计不仅新颖，而且还慎重地讨论了大尺度感和质感、色彩等，整修后的建筑与周围环境非常协调。

（岸田）

去世后躺在这张解剖台上
——解剖台纪念碑

建立表彰某一人物的纪念碑，通常的方法是使用酷似那个人物的肖像，但也有例外。例如常常使用与人物有关的物品或能象征其表彰功绩的物品等。而东大医学部2号馆后门入口的墙壁上竟然嵌入了一个用解剖台做的纪念碑。碑文详尽描述了纪念碑设立的宗旨，碑文全文如下：

此解剖台是为了纪念创设病理学专业并成为东京帝国大学首位病理学教授的三浦先生、继其后在有关癌症研究领域取得世界性成就的山极先生、扩大并完善病理学专业使日本病理学研究在海内外发扬光大的长与先生三位教授而立。三位先生常年在旁亲临指导、鼓励、鞭策后辈们的研究，而且三浦和山极两位先生在去世后还躺在这张解剖台上，将遗体捐献给了本学科研究。谨将此珍贵的解剖台作为歌颂三位先生伟大功绩之不朽纪念保存于斯，入我专业者当朝夕仰慕三位先生之恩德。

昭和十六年十二月　病理学专业

这是歌颂医学部病理学专业三代教授三浦守治（1857~1916）、山极胜三郎（1863~1930）、长与又郎（1878~1941）功绩的纪念碑。碑文中三浦和山极两位先生"去世后还躺在这张解剖台上"那段文字尤其令人感动。

三浦守治留学于德国，曾在莱比锡大学以及柏林大学学习，专修病理学专业。归国后，成为病理学专业的第一代教授。山极胜三郎也留学于德国，曾在台湾的黑死病调查、癌症研究方面取得了巨大的成就。长与又郎是幕

医学部2号馆后面的纪念碑

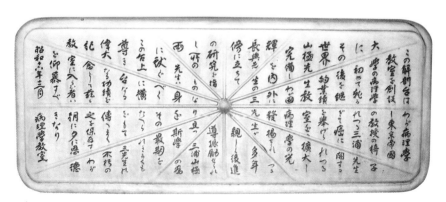

碑文

府末期·明治时期著名医学家长与专齐的第三子,作家长与善郎是他最小的弟弟。

解剖台下面是长与设计的针对解剖台的一段说明文字。文字大意是:此解剖台是1915年5月至1938年5月,在历经23年的时间里所使用的四张解剖台中的一张。解剖台表面雕刻的槽是为了让血顺着槽流到中间的洞里,并从洞里滴落下去。希望大家能够缅怀那些躺在解剖台上,为医学进步做出贡献的人们。

(木下)

双胞胎建筑
——医学部1号馆、理学部2号馆与消失的"本馆"

校园南端有两座双胞胎建筑,分别是医学部1号馆和理学部2号馆。两座建筑极其相似,如果不看写有馆名的牌子则很难分辨哪个是医学部1号馆,哪个是理学部2号馆。校园内也有其他外观非常相似的建筑,但是为什么唯独这两栋建筑看起来简直就像孪生兄弟呢?

最关键的一点是,这两栋建筑没有"本馆"。"本馆"指的是,在两栋并列的建筑物之间正面深处耸立的高大建筑。例如:相对法文两栋校舍而言的大讲堂,或是相对左近之樱、右近之橘而言的紫宸殿(注:"左近之樱、右近之橘"指平安时代以后,在紫宸殿南面台阶下东侧种植的山樱和西侧种植的橘树。因举行仪式时左近卫府和右近卫府的官吏分别排列于东西两侧而得名)。其地位相当于建筑群所在地的主人,统领跟前的建筑,并把它们相互结合起来。

内田祥三通过在两栋建筑的深处配置"本馆",来营造出具有纵深感的眺望效果,从而达到在视觉上统合巨大校园的目的。前田侯爵的宅地内曾经建有西洋馆和日式馆,与东大交换地皮时,仅剩下的西洋馆被用于大学的迎宾馆。西洋馆包括顶层阁楼在内,其高度与大学校舍基本相同,大致相当于三层楼那么高。两栋建筑之间的林荫路曾是通向迎宾馆的主要路线。在西洋馆被战火烧毁之前,想必从光叶榉行道树正面深处

左右分别为医学部1号馆和理学部2号馆　往里走是怀德馆入口。(摄影：笔者，其他两张照片同)

医学部1号馆

理学部2号馆

可以窥见这一雄伟建筑。也就是说，医学部1号馆和理学部2号馆曾经拥有过"本馆"。

现在，大家只能看到怀德馆入口低矮的大门和树木。失去了"本馆"的医学部1号馆和理学部2号馆，在两者的关系上只能让人联想到这两栋建筑非常相似。

仔细观察会发现，这两栋建筑也存在着微妙的差异。高出一截的中央部分的宽度、小尖塔、门廊等细节部分存在着不同。内田跨越了学部间的差异，将本应携手合作的两个领域的教学楼毗邻而建，以此来展示综合大学的成果。两栋建筑分别设置了基础医学和生物·人类学系的理学。这一安排，恰如这两栋建筑，虽然非常相似但是相互之间也有着微妙的不同好似孪生兄弟一般。

回首光叶榉行道树，经济学部的新馆，似乎已取代了那消失的前田侯爵家西洋馆，成为新的本馆。楼下内侧宽敞的休息室里，代替那些原本应该在壮丽的迎宾馆里被迎接的宾客们出现的是，令人欣慰的谈笑风生的莘莘学子的身影。

（岸田）

虚幻的超高层
——历史上的学生运动与校部楼

大学校部是个什么样的地方呢？有校长、随时候命的事务部、会议室，有关大学运营的决策一般都在那里产生。这就是校部的大致情况。

在日本，像东京大学校部那样频繁搬家的学校非常罕见。明治时期的校部，位于三四郎池东侧的假山上，一个被俗称为"山上御殿"的木造日式馆。"御殿"在关东大地震中被烧毁后，校部暂时搬到刚刚竣工不久的工学部2号馆，没过多久，大讲堂建成后，校部又搬到那里，本以为这次总算是搬到了"最后的栖息地"，但是，大讲堂也不是安居之所。在学生运动中，大讲堂被学生占领，校部又不得不搬到了临时寄居地怀德馆。

之后建造的现校部楼（昭和54年，即1979年）和与其相邻的理学部

5号馆（昭和51年，即1976年），都是由丹下健三设计的。据说丹下还曾试图建造东大的新"大门"。继从正门至大讲堂的银杏行道树中轴之后，丹下制定了以龙冈门为基点的新轴线，力图重新规划校园。之后的规划虽未能达成重新规划校园的目的，但是却形成了以生动造型为特点的大学新面貌。

校部楼　与大讲堂相似，充满力量感。（摄影：铃木昭夫）

校部楼的规划始于1970年代初,曾计划修建25层的超高层建筑。几经周折建成了现在大家所看到的12层建筑。校部楼与大讲堂钟楼的建筑样式有些相似,在角部建有完全一样的小塔。如果按照原来的设计,校园内将出现一座格外高的新塔。丹下力图在钟楼之外修建另一座代表大学形象的塔,一座位于龙冈门正面深处、面向校园外高高耸立的塔。

剑桥大学冈维尔与凯斯学院有三座著名的大门。每座门上都有个小塔,分别象征着谦逊、美德和荣誉。意味着从入学到学习时期的刻苦钻研,直至最后毕业这段期间需通过的所有关口,这些都是对在这所学院学习的学生们所寄予的期望。

在开始讨论东大校部楼建设之初,校内大概还有很多人对学生运动那段历史记忆犹新,所以才提出校部楼的选址要避开校园的中心位置,大楼面向校外修建,而且必须建造易于管理的高层建筑。

提起高层建筑的大学校部楼,不禁令人想起与东大校部楼基本同一时期完工的巴黎朱西厄大学(Jussieu)。在中层建筑群林立的校园里,校部楼的超高层建筑尤显突出。在建筑高度受到严格限制的巴黎,这座建筑的修建似乎得到了特殊的许可。与近旁的索邦校(Sorbonne)正相反,可谓是追求高高耸立的校部楼那一时代所留下的历史印记。巴黎是大学学生运动的一个发祥地,校部楼浮现在校园上空这点与东大有某些共通之处。

在这点上,哈佛大学颇为有趣。校长室位于大学发祥地"Harvard yard"的一角,是一座大约300年前修建的砖造建筑。校长室楼上是新生宿舍,以此表明校长虽奔忙于校外,但他却一直在学生身边。大部分事务部门虽安置在其他楼内,但因配备了协助校长工作的副校长,所以各部门都能高质高效地正常运作。哈佛大学始于东海岸殖民拓荒地上的一所小型牧师培训学校,至今仍然存在的这一历史传统,使校长室所在地根本无需经过这样那样的"规划"就已自然形成。

安田讲堂攻防战是距今30多年前发生的事情,东大现也已作为法人独立了。究竟什么样的校部楼才与之相称呢?

(岸田)

漫步路线二

博物馆・怀德馆

另一明治时期的建筑
与前田家的共存
下水井的井盖
怀德馆庭园的自然生态
怀德馆周边的各种树木
综合研究博物馆

出版会
第2食堂
旧理学部1号館
理学部
理学部1号館
理学部7号館
ダイ
理学部4号館
教授の植えた木
ヒマラヤスギ
大講堂（安田講堂）
正の塀
一部分
中央食堂（地下）
ナシャモン
文1号館
法文2号館
三四郎池（育
銀杏とメトロ（地下）
浜尾新像
イチョウ並木
文学部3号館
化け灯籠
ウ イチョウ並木
学部列品館
法学部3号館
の「玉石」
情報学環・学際情報
館
古市公威像
総合図書館
正門
曼陀羅のモザイク
頭彰碑
法学部4号館
法学政治学系総合教育棟
史料
天上大風の碑
茶51
東43
本郷通り
コミュニケーションセンター（赤煉瓦

怀德馆的础石

●医学部附属病院東研究棟

●医学部附属病院入院棟B

●医学部附属病院内科研究棟

属病院第1研究棟

●医学部附属病院旧中央診療棟

医学部附属病院管理・研究棟

三吉像

●医学部附属病院入院棟A ▲旧岩崎邸

●医学部附属病院新中央診療棟

トランス

学01
学07

🚌

TAXI

本郷地区

●医学部附属病院外来診療棟

●医学部4号館

グラウンド

▲ベルツとスクリバ像

ヒポクラテスの木

七徳堂

●医学部附属病院南研究棟

●医学部総合中央館
（図書館）

▲ミュルレル像
薬学系総合研究棟

山上会館龍岡門別館

究共同研究棟

▲隅川宗雄像
▲解剖台の顕彰碑

薬学部

本部棟

広報センター（旧夜間診療所）

学部2号館本館

●医・疾患生命工学センター
（理学部5号館
留学生センター）

←龍岡門

学01
学07

🚌

都02
上69

🚌

●医学部教育研究棟

●医学部5号館

●経済学研究科棟

●医学部1号館

●医学部3号館

産学連携プラザ

合研究棟

理学部2号館

学術研究センター

所史料庫

懐徳館基礎

●懐徳館

●東洋文化研究所

明治天皇行幸記念碑

●総合研究博物館

庭園門遺構

51
3

🚌

🚉 ⭕️ 大江戸線本郷三丁目駅

別れの橋跡

▲かねやす

至 御茶ノ水

另一明治时期的建筑
——怀德馆和庭园门古建筑

　　校园南侧保留有另一明治时期的建筑。那就是现在被称为"怀德馆"
的东大迎宾馆及其庭园广阔的原前田利为侯爵的宅邸遗址。

　　这里曾建有明治末期前田利为为迎接天皇驾临而修建的新文艺复兴
风格的西洋馆（明治40年，即1907年）和日式馆（明治38年，即1905年）。
在人们生活方式日渐西洋化的当时，一般大规模的宅邸建筑都会在广阔的

被烧毁前的西洋馆（与哥特式风格的大学校舍相比，西洋馆的特征表现为新文艺复兴或新巴洛克风
格的设计）（建筑学科藏）

庭园前合建日式和西洋式的两栋建筑。日常生活起居在日式馆，而西洋馆主要被用来接待客人。现在，人们虽然只能从照片上见到被战火烧毁的西洋馆，但是仅从位于东大附近现存的原岩崎久弥府邸（英国建筑师康德尔设计，明治41年，即1908年），亦可想象得出当时的西洋馆是多么的豪华。

前田邸西洋馆由海军技师渡边让设计，历时五年才得以建成，当时用砖和混凝土构筑的础石现被保存于博物馆正门前。虽然仅仅是建筑物的础石，却可从中充分看出当时工匠们认真的工作态度，是一个珍贵的历史文物。

怀德馆建筑本身虽已被烧毁，但是除反映当时面貌的庭园之外，在综合研究博物馆南侧至今还遗留有为从西洋馆前庭进入庭园而修建的庭园门和做隔断的围墙。庭园门目前虽处于即将半坍塌的状态，但从中仍可清晰地领略到具有文艺复兴风格细节的古典设计匠心。与东京大学明治时期的建筑均采用砖表结构的朴素设计所形成的鲜明对比，亦可窥见侯爵宅邸之华丽一面。曲线柔和的围墙沿门廊而建，门的左前方曾是西洋馆的主入口。

进门后即是宽广的日式庭园，如今巨木林立，遮挡了周围的建筑。园内有一小假山，以前可以沿园内小径攀登而上。现因树木过于繁茂，即使巡园也只能边拨开树枝边前进。曾蛙声一片的池塘如今也已干涸，似乎变成了"枯山水"。树木间时有倒放着的刻有前田家梅花家徽的灯笼石。旧时的庭园，夜幕降临，远处传来瀑布流水声的池塘边，无数萤火虫若隐若现闪闪发光，这种情景在今天已经很难想象得出来了。

现在的"怀德馆"修建于昭和26年（1951年），当时是以建校长公馆的名义拿到的经费预算，怀德馆被建在原日式馆的遗址上。设计师拓植芳男在财源匮乏的情况下，为如何做

怀德馆庭园门古建筑

到既能保持日式馆的原貌又能作迎宾馆使用而煞费苦心。据说基石使用的是西洋馆的石材，重要的木材使用的是萨摩的屋久杉木和靠捐赠或是政府处理获得的兴建伊势神宫时不用的木曾丝柏，其他则是从东大实验林筹措而来。以在校园内布置池塘和泉水而闻名的京都大学的清风庄庭园和早稻田大学的大隈庭园等，与怀德馆同为构建明治时期庭园的范例。怀德馆现今依然被作为东京大学的迎宾馆设施而使用。真希望在这历史悠久的庭园里能重建池水，从而重拾那环园而游，尽享美景之雅趣。

（岸田）

与前田家的共存

从加贺藩上宅邸到东京大学的过渡，中间经历了明治维新，其过渡过程并不是很顺利。根据1871年的废藩置县改革，前田家地皮的大部分虽被没收为文部省用地，但前田家在西南一角（约12 600余坪）仍建有宅邸。1876年东京医学校从神田和泉町迁来这里之前，被充公的本乡地区只建有外国人教师馆。1877年作为综合大学的东京大学成立后，法、文、理三个学部搬迁至本乡地区又花费了10多年的时间。从明治后半期到大正时期，虽逐步修建了校园，但是关东大地震的发生又导致校园被彻底毁灭。

1926年，前田家与东京帝国大学交换了土地。地震即将发生前，校园已接近饱和状态，复兴计划的开展需要更多的土地。东大为前田家提供的替代土地是位于驹场的农学部用地（约4万坪）和代代木演习林（约11 500坪）。当时，东大承诺，本乡宅地内原有的前田家宅邸和庭园均供公用并作为纪念永久保存，在这一条件下，前田家将前田宅邸和庭园在内的所有土地都转让给了东京大学。

在新取得的土地上，建筑形式非常相似的两栋建筑——医学部1号馆和理学部2号馆分别于1931年和1934年竣工。另一方面，前田家转让的宅邸，因东大忙于地震灾后的校园重建工程而被暂时搁置。到了1933年，前田家捐献了维修费2万日元，修复工程启动，于1935年起重新投入使用。并以此为契机，采用《论语》中"君子怀德"一句，取名"怀德馆"。

从本乡三丁目上空看到的怀德馆（原前田侯爵邸）和庭园（照片中央）（大学史史料室藏）

从1936年拍摄的航空照片上可清晰地看出当时怀德馆的雄伟壮观。怀德馆的高度可与医学部1号馆和理学部2号馆相匹敌。前田家为什么非要建造这么雄伟宏大的西洋馆呢？前田家日常生活均在西洋馆后边仅露出一角的日式馆，作为迎宾馆使用的西洋馆于1907年建成。翌年出版的《建筑杂志》第263号《前田侯爵邸建筑工程概要》对西洋馆内部进行了详细的描述。

前田家希望天皇驾临的心愿终于在1910年7月8日实现了，为了迎接这个特殊日子的到来，加紧进行了西洋馆的装饰和庭园的整备工程。室内装饰了从原林忠正藏品中统一买进的24件西洋画，放置了两尊委托雕刻家沼田一雅制作的武将石膏像。当然，也摆放了前田家的家传宝物，以供天皇御览。当天余兴节目的重点是能乐。前田家原本从江户时代起就大力扶植宝生流的能乐，明治维新以后也为能乐的复兴倾尽了全力。本乡宅邸内，耗时120余天、斥资21 200日元搭建了新的能乐舞台，舞台背后正面壁板上的松树由画家川端玉章绘制。天皇在此观看了樱间伴马的"俊宽"、野口政吉的"熊坂"、梅若六郎的"土蜘"、山本东次郎的"二九十八"、野村万造的"鞠

怀德馆庭园里的明治天皇行幸纪念碑

座头"等能乐和狂言。

营造庭园的细节也被记载下来了,由担任前田家园艺师的第二代继承人伊藤彦右卫门担当了此重任。他挪用了根岸别邸的庭园材料,制作了瀑布,5月份将从京都鸭川订购的数十只金袄子(注:蛙之别种,体色暗褐,足有吸盘,鸣声清脆)放养在池塘内,到了6月份又放养了2万只萤火虫。

前田家委托画家下村观山将天皇驾临当日的情景绘入《临幸画卷》中,并且还在庭园内树立了天皇行幸纪念碑。对外则向东京帝国大学捐资设立讲座新设基金,于1911年开设了国史学第三讲座,以此来纪念天皇驾临。

怀德馆归属东大以后一直被当作迎宾馆使用,非常遗憾的是,在1945

怀德馆的础石(综合研究博物馆前展示)

年3月10日的东京大空袭中怀德馆被烧毁了。之后，到了1951年新建了一座日本式建筑，现在亦称"怀德馆"，亦被作为迎宾馆使用。虽然对从房间可观赏到的庭园进行了改造，但是庭园一角天皇行幸纪念碑至今依然静静地伫立在那里。

（木下）

下水井的井盖

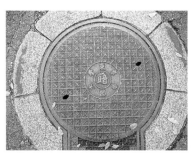

明治政府的教育构想由小学、中学、大学三级教育体制构成。构想当初本应设置八所大学，但是当时按照这一构想开办的大学仅东京一处，因此就直接称之为"大学"。

明治19年（1886年），帝国大学令颁布，"帝国大学"简称为"帝大"，这是以大日本帝国宪法为中心的国家体制急速完善过程中的产物。到了明治30年（1897年），京都也设置了大学，为区分彼此遂改称为"东京帝国大学"。那一时代整整持续了半个世纪。

但是，无需多言，战败导致了"帝国"的毁灭。根据昭和22年（1947年）的日本国宪法以及以日本国宪法为基准的教育基本法、学校教育法的规定，"东京大学"开始起步。于是乎，"帝国"的踪影从校园的各个角落消失了，但是，不知为何唯独下水井的井盖上却依然保留着浓厚的"帝大"历史印记。

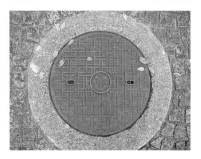

（木下）

（摄影：笔者）

怀德馆庭园的自然生态
——活化石植物水杉

本乡校园的大部分用地是江户时代加贺藩前田家的宅邸。到了明治时期,其宅地的大部分虽被划归为文部省用地,修建了东京大学的校园,但前田家在旧藩邸的西南一角仍建有府邸,占地面积为12 600余坪。府邸分日式馆和西洋馆两部分,分别竣工于明治38年(1905年)和明治40年(1907年)。明治43年(1910年),明治天皇曾御驾亲临此处,当时为迎接天皇御驾而进行了庭园整修工程。庭园营造工程由担任前田家园艺师的伊藤家第二代继承人彦右卫门负责。

大正15年(1926年),前田家与东大交换了土地。当时,以怀德馆供公用并永久保存为条件,转让给东大。根据关东大地震发生后制定的灾后重建计划,东大在这块宅地内建造了理学部2号馆和医学部1号馆。昭和20年(1945年)发生的东京大空袭导致怀德馆的建筑被烧毁。昭和26年(1951年),在原怀德馆遗址上,修建了作为大学迎宾馆使用的木质结构的怀德馆,并对庭园进行了维修和改造。

庭园南面有一个带石景的U字形大池塘,这个池塘大概从明治时期就已经存在了。池塘的北侧是一片没有树木的草坪,这种格局与昭和11年(1936年)从上空拍摄的前田宅邸的照片相似,可以说是继承了明治时期园林制作的方法。

怀德馆门廊所在地的北侧至东北侧,间隔种植了一些树木,其中喜马拉雅雪松和银杏等巨树很有可能是幸存下来的明治时期种植的树木。

日本庭园是受中国文化的影响而发展起来的。飞鸟、奈良时代修建的海洋风景式庭园可谓是日本庭园的原型,庭园内设有池塘,池中点缀着小岛。之后,虽经历了宫殿式建筑庭园(平安时代)、净土式庭园(镰仓、室町、战国时代)、回游式庭园(江户时代)等变迁,但庭园内设池塘和小岛的这种构造一直被后世所继承。

怀德馆的庭园也不例外,池塘和小岛就是它被修建为日本庭园的证据。此外,从修建瀑布这点可推断,怀德馆庭园规模虽小,但却是一座保留有江

怀德馆建筑物南侧庭园的一部分

户时代遗风的、回游式庭园风格的园林。

怀德馆的庭园平时并没有经过认真的打理，因此在庭园中心的池塘已经干涸，露出了池底。大约是明治时期庭园修建以来就一直保存至今的瀑布虽也已干涸，但仍能辨认出它的存在。这些都非常令人惋惜。

据说明治天皇御驾亲临时，园里池塘放养了从京都鸭川运来的"数十只金袄子、二万只萤火虫"。现在，那些金袄子和萤火虫都已不见了踪影。梅雨时节，蟾蜍和红蛤蟆等蛙类众多，就连周边的路上也会出现它们的身影。十几年前这里还曾经出现过黄颔蛇，但是最近已经看不到了。

作为活化石而最引人注目的植物大概要数水杉。这种针叶树最初在日本是作为化石而被发现的。大家都认为水杉在大约100万年前就已经灭绝了，但是在1945年，在中国的四川省发现了活着的水杉。1949年，哈佛大学将在四川当地采集到的水杉种子赠送给东大已故名誉教授原宽博士。从水杉种子培育出的树苗被种植在怀德馆庭园西侧之始，现在这棵树已长成树高超过10米的大树，这是日本最早的水杉之一。怀德馆是大学的迎宾馆,庭园一般不对外开放,但是作为与育德园齐名的绿地,对本乡校园来说它是不可替代的无上珍宝,为维护校园的自然景观发挥了巨大的作用。

(大场)

怀德馆周边的各种树木
——为争夺光照而爆发的激烈竞争

复叶是由多个小叶组成的树叶,在热带树木中复叶植物有很多。乌山椒也是复叶植物,并且生长速度快。校园内到处生长着乌山椒,且大部分都是自然长成的。每到果实成熟的秋季,都会有雉鸠等小鸟啄食落在地面上的果实。

乌山椒的种子靠鸟类传播,种子的发芽成长需要充足的光照,小树喜欢生长在日照充足的林边或已倒伏的树附近。对树木来说,种子发出的芽能否在树下这种间接光照下生长是一个非常重要的问题。在间接光照下不能生长的乌山椒,既不能像文章后面描述的青栲那样生长,也不能像八角金盘和常绿桐等树木那样在树下生存。

东洋文化研究所南侧空壕边垣墙的正下方,有一棵距今大约二十几年前发芽的乌山椒。刚开始树干伸向垣墙的外侧,后来为了争取更多的光照,树的上部似乎要从空壕离开似的不断伸长,导致树干被连接垣墙的部分压弯。尽管如此,直至今日这棵乌山椒还在年复一年地不断生长着。现在树高已达到建筑物四楼的高度,其生长速度之快令人惊叹。

乌山椒与柑橘类同属芸香科植物,不仅有独特的气味,而且迎着亮光看树叶,还会发现乌山椒的叶面上散布着与橘皮相同的很多小颗粒,即所谓的油孢。

怀德馆西北侧也长着一棵高大的乌山椒。这棵树在20年前还不那么显眼,但大概是这里光照好的原因其生长速度非常快。阳光是制造植物生长过程中不可缺少的碳水化合物的能量源,植物利用这种能量源,以二氧化碳和水为原料开展生产活动。这就是众所周知的光合作用。植物为尽可能多地争取光照,向四面八方伸展枝叶,向上生长。

为争夺光照而相互竞争的青栲（中）、乌山椒（右）等树木

随着乌山椒的不断生长，其树枝开始与医学部1号馆南侧路上的光叶榉树相交叉。光叶榉树也是喜光植物，为了争夺光照，两棵树之间展开了激烈的竞争。快速生长出的枝条数目虽不可小觑，但是因光争夺战失败而干枯的树枝也不少。

说起来，秋季多发的大风天，常能目睹到很多树枝被吹落地面的情景。也就是说，那些为了生存而必须需要阳光的树木，树枝和树枝之间为争夺光照而展开了激烈的竞争，枯枝中的大部分，都是这场光争夺战的失败者。那种张牙舞爪的大风有时对树木来说也承担着重要的扫除枯枝的作用。也可以说树木们匀称的树形就是靠这种竞争来保持的。

怀德馆外在乌山椒的西侧有一棵青栲。这棵树在20年前还只是一棵纤细的小树。十几年过去了，如今这棵树已经长成了一棵大树。青栲是橡树的一种，橡树多产于关东地区南部的台地。青栲的特点是树叶呈针状，颜色为深绿色，树叶背面呈灰白色，秋季结出很多的小橡子果实。青栲耐阴，即使在整个夏季树梢都被乌山椒遮挡的情况下也能生长。

　　我每天都在这棵青栲树前面经过去博物馆上班。经常被植物为夺取生存的饵料——阳光而爆发的争夺战所痴迷。本乡校园里的树木没有止步于仅是单纯地演绎其静态的一面，还富有能让人窥视到生物所拥有的动态一面的野生的魅力。

（大场）

综合研究博物馆
——藏品和举办的活动

　　东京大学博物馆诞生于1996年（平成8年），是东大历史上较新的建筑。但是，博物馆有一前身，即1960年成立的综合研究资料馆。资料馆设立的目的在于整理东京大学研究教育活动中产生的学术标本，并将之保存为能常规使用的状态。随着博物馆的开设，分散于校内各个建筑内的动物、植物、矿物等标本被集中于此。

　　包括旧馆陈列室在内的综合研究博物馆的主要部分，由本校工学部香山寿夫教授设计，于1983年11月完工。加上之后增设的新陈列室等，现在面积大约8 000平方米。

　　东京大学作为1877年在日本创立的最早的国立大学，在创设期为阐明日本的自然、文化、历史等问题而举校进行了基础性研究。开展这种研究必须收集数量庞大的标本和资料。东京大学收藏的超过600万件的学术标本中，有很多都是在东大创设期收集的历史上非常重要的藏品。

　　大学博物馆的任务是将专业收集的学术标本不仅应用于专业领域的研究，还要使之满足于多种领域的研究教育以及其他各种各样的需求。此外，还承担着将在东京大学开展的基础研究与前沿研究的学术标本一起介绍给大众，即大学面向社会开放的窗口的作用。

　　综合研究博物馆里收藏了黄莲华升麻、染井吉野樱等众多日本产的动植物和弥生土器标本，及因发现大森贝冢而闻名的莫尔斯（E.S.Morse）的收藏品、伊能忠敬的地图等在内的大约300万件标本。

　　博物馆诞生后，又收藏了很多新的标本。主要藏品有，江户时代的城

综合研究博物馆入口（同馆提供）

郭、以军事学资料而著名的大类伸博士以前收藏的藏品、日本国内最大规模的陨石藏品、为纪念日本与荷兰友好400年而由荷兰莱顿大学赠送的西博尔德（Phillip Franz von Siebold）等人在日本采集的绣球花等植物标本等。

这些学术标本虽未向公众开放，但是博物馆利用这些标本举办常设展以及特别展等，以此来向一般公众开放。另外，博物馆还正在将学术标本的画像整理成数据库，在博物馆的主页等上面可以浏览这些标本。

为展示标本而举办的常设展和特别展，二者都面向一般公众开放，任何人都可以自由参观。

作为面向社会开放的窗口所发挥的作用

也就是说，只要是公开展览期间，综合研究博物馆是校内任何人都可以自由进入的为数不多的学校设施之一。我建议您参观本乡校园时一定要去那里看看。

标本的展出是为了介绍东大的前沿研究，但另一方面也是展示与东大博物馆相称的新研制开发的展示技术和手法等的平台。例如，现在已普及

帝国大学时代的采集标本　作为新属新种而公布的黄莲华升麻的模式标本（同馆提供）

到一般博物馆的数字或虚拟博物馆技术就是在这个博物馆里诞生的。

2004年举办的"石头的记忆——广岛与长崎"展被授予日本展示设计奖、展示设计企划与研究特别奖、展示产业特别奖，2003年举办的"西博尔德的21世纪"展被授予日本展示设计优秀奖。这些奖项的获得表明，综合研究博物馆以馆内设立的捐赠研究部门（注：靠民间企业等提供的奖学捐款开办的研究部门）为中心，在博物馆的展示设计领域也取得了很大的成就。而且，众多的研究生也参与到展示的企划、实施或追踪调查等活动中，使综合研究博物馆成为与博物馆相关的各领域研究教育的场所。

综合研究博物馆的展示活动是作为研究教育的一环而举办的，其成果均被编为图鉴而出版发行并销售。另外，在博物馆的主页（http://www.um.u-tokyo.ac.jp）上也可以浏览这些图鉴。主页上还登载了迄今举办的展示活动现场的照片。

综合研究博物馆承担着东京大学面向社会开放的窗口的作用，但是地理位置稍有不便。尽管如此，它还是校内最大多数普通人参观的场所，其宽敞、古典的展示空间酝酿出了一种与大学开放空间相称的氛围。

在介绍东京大学本乡校园之外，我还想向诸位介绍一下附属于综合研究博物馆的小石川分馆。小石川分馆位于理学系研究科附属植物园内北侧的一块土地上，该植物园被大家亲切地通称为小石川植物园。分馆开设于2001年，现在对外开放的建筑是明治9年（1876年）文部省修建局作为东

被授予2004年展示设计奖的"石头的记忆——广岛与长崎"展的展示情况（摄影：奥村浩司）

京医学校本馆修建之后又被整体搬迁到小石川植物园内的一所建筑。这是唯一一个可以了解本校创立时期大学建筑情况的设施，而且森鸥外等明治时期的医学学生还曾经在此建筑内学习。现在馆内开设了与学校建筑有关的常设展和特别展等，诸位可以自由入内参观。

（大场）

正门·安田讲堂

现本乡校园正门

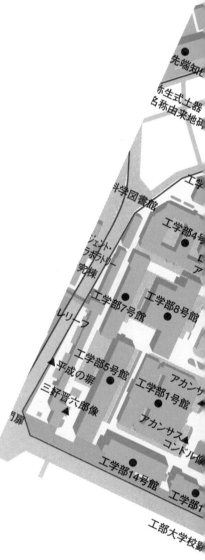

门的地位

——正门和被丢弃的龙冈门门扇

大学正门将校园这一领域与外面世界的接点戏剧性地视觉化。可以说它是将大学宗旨可视化的一个装置。在这一意义上，本乡校园的正门可谓是独一无二的。

正门整体外形沿袭了传统的冠木门（注：两根木柱上搭一根横木的门）修建样式。顶部玲珑剔透的工艺横木中央，有着看似菊花家徽的图案，代表了旭日（朝阳），象征着旭日从祥云中喷薄而出。大门门扇上是竖格和代表怒涛汹涌的大海的波形图案以及蔓藤式花纹这一日式或东洋情趣设计的组合。相反，门柱的结构却是钢铁构架，上面粘贴了厚厚切割的花岗岩，门扇的材质也根据各处的需求分别采用了不同种类的钢材。新旧、和洋折中的设计铿锵有力，与以和魂洋才（注：和魂洋才指日本精神与西洋学问）为宗旨的明治时期大学的风格极为相称。

这种设计，由当时的校长滨尾新提议，工科大学的冢本靖、伊东忠太、关野贞等人根据这一提议竞标，最后决定采用了伊东的设计方案，伊东忠太曾在筑地本愿寺的设计中留下了印度风格的设计代表作。

正门现在的大门扇和上面的横木，是昭和63年（1988年）替换的铝合金制的复制品。替换的理由是原有的门扇和横木不仅伤痕累累破损严重，而且门体沉重，开关非常不便。当时，原有的门扇和横木在其险遭废弃之际被及时抢救出来，现在被保管在驹场校区内。

地震灾害发生后，本乡校园内很多门都被重修为钢筋混凝土结构。所有重修的门都是内田祥三设计的，均采用了不设门顶横木的简约样式。如

天皇出席毕业典礼后离开学校（明治45年7月）（摘自《东京帝国大学五十年史》）

现本乡校园正门（摄影：木下直之）

果说这是一种新的设计那也无可厚非,但是内田非常有节制,没有修建与正门相并列的大门。

位于医院路上的龙冈门,与内田设计的其他门一样,带有巨大的木制门扇。因门柱间距狭窄妨碍交通,所以前几年进行了扩宽间距的工程,当时门扇亦被拆除。带有美丽圆形装饰性窗户的门扇,之后便下落不明。

必须一提的是,正门的门扇在大战期间,因被摘下藏了起来而免于金属回收。在昭和25年(1950年)修复正门之际再现人间。与被偷偷丢弃的龙冈门门扇相比,难道是因为正门与其他门地位有别所以才这样的吗?

(岸田)

投向大讲堂的视线
——内田祥三与明治校园的再开发

如果只选择一处介绍东京大学的景观,那么大概很多人都会选择从正门面向大讲堂眺望的景致。这一景观,与内田祥三(建筑学科教授、第14代校长)的名字有着不可分割的关系。大家现在所看到的本乡校园,是根据内田在短时间内绘制的灾后重建计划而修建的。

当东京正处于大地震摇晃中的大正12年(1923年)9月,时任建筑学科教授并兼任修建科科长的内田一定是异常繁忙。内田在震灾发生后的两个月内绘制了三份整体规划图,其中的一份几乎原封不动地被付诸实施。但是实际上,一个面积高达40公顷的校园规划,当时的内田怎么可能在那么短的时间内绘制出来的呢?

震灾发生四个月以前,内田绘制了一份透视图。图上显示了从正门面向大讲堂眺望时的校园内的情景。仔细观察会发现,大讲堂与陈列馆、法学研究室之间分别有座三角破风(注:山墙顶部三角形人字板结构)的二层建筑。那是法、文两科的建筑物(英国建筑师康德尔,明治17年,即1884年),是校内最早修建的大学校舍。可以说,内田在砖造建筑林立的明治时期以来的校园内,已经着手实施对其中心部位的再开发计划。

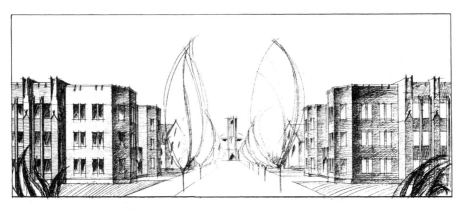

工学部陈列室设计略图（内田祥三画，1923 年 5 月，东京都公文书馆藏）

　　这张透视图上包含了之后内田重建校园时的基本思路。即使是在那个时候，校园里也已经挤满了为数众多的建筑物，即出现了我们现在所说的建筑用地匮乏的窘境。校内唯一残留的空地，只有正门背后那个巨大的前庭。前庭横宽 170 米，纵深 90 米，按现在的校园来说，其面积相当于北起工学部 1 号馆，南至图书馆，东达法文 1、2 号馆一带，非常宽广宏大。

　　大正中期的《帝国大学新闻》上有记载，围绕关于是否应该在前庭修建建筑物这一问题，当时的意见分为两派。一派是环境保全派，他们认为为了保持大学所应有的深远气氛坚决不可以在这片空地上修建建筑，而身处另一派的建设推进派则认为现在的形势根本顾不上谈那些。关于这一问题，内田巧妙地做出了以下处理措施。他把一个巨大的前庭改成了用林荫路连接的多个前庭，形成"开放空间的网络"，这样既能推进校园建设，同时又可以保留大学应有的深远气氛。

　　这一"网络"扩展到整个校园，并与有效防止灾害发生的校园建设相接轨。遭受了地震灾害的明治校园，与建筑物的倒塌相比，火灾蔓延导致的受害程度更为严重。内田接受这一教训，在建筑物之间设置空地，以此来防止火势蔓延。

　　从正门开始呈一条直线的林荫路尽头设有大讲堂，大讲堂左右两侧除法文校舍之外还修建了陈列馆和法研。左手深处是拥有宽广前庭的工科大学，右手深处设有图书馆，它们之间用银杏林荫路连接，通过这一方法，不论是站在校园中心部的哪个位置，都可以欣赏到这一眺望美景。从正门所看

银杏行道树与大讲堂〔昭和初期〕〔综合研究博物馆藏〕

现在的银杏行道树，讲堂后方可看见校内外的高层建筑。〔摄影：笔者〕

到的格局就是这样创造出来的。

将视线轴延长，在道路尽头设置雄伟的建筑，这也成了之后校园重建计划之根本的堪称内田巴洛克风格的手法，在当时的美国大学校园规划中也经常使用。这也是在显示大学权威上再没有比这更行之有效的方法了。

内田在熟知轴在编组校园所发挥的重要作用的基础上，通过组合大小交叉轴，使校园根据需要自由成长，同时又保全了整个校园的一体感。内田的这一灵活处理方法正是他独创性之所在。

除内田之外，还有两位中心人物——明治末期的大校长滨尾新和农科大学教授本多静六，他们也功不可没。滨尾绰号"土木校长"，他划定了大讲堂建筑用地，重修了正门，种植了银杏行道树。协助滨尾完成这些的是在日比谷公园设计上也非常有名的本多。从正门至大讲堂方向，银杏行道树的高度逐渐变低，从而使原本较短的一段林荫路拉长了视觉效果，这一方法就是本多想出来的。内田的构想，以滨尾的决断和本多的创意为养分，绽放出了美丽的花朵。

（岸田）

校园内的道路与汽车的普及化

校内有一潜在规定，人走"人行道"，车走"车行道"。校园内一方面用绿化带隔离出"人行道"，另一方面又通过设立交通标志、设置控制车速的路面缓冲带、标注停车区域、路边线等来明确指定"车行道"。

但是，在绿化带内侧行走时，会碰到建筑物的台阶、斜坡、布告牌等各种障碍物，难以直行。法文校舍拱廊出口处还设置了禁止车辆通行的链子等，要想通过那里就只能跨过去或者绕个大弯从柱子之间的狭窄缝隙穿过去。

尽管如此，即便是在"车行道"上行走，也让人感觉不舒服。既要注意从身后驶来的车辆，还要饱受汽车尾气之苦。就连残疾人士使用的引导区域，在校内也只能圈在"车行道"上。

导致这种既不舒适又不安全的环境产生的原因，在于只是机械地应用了人车分离的一般规则，我认为在适用这一规则前有必要认真分析校园的实际情况。

现在校内的道路基本上都是根据内田祥三制定的灾后校园重建规划铺设的。内田铺设了都市化的林荫路，在主要建筑物前面设置了宽敞的方便车辆出入的圆形或椭圆形的院子，但是日本真正迎来汽车的普及化是很久以后的事情，内田的规划还是在校内几乎没有什么车辆的时代作出的规划。内田所规划的校园虽具备了威严的都市空间的"形"，但是从"功能"上来看，校园内整个区域都是步行者的空间。

本乡校园内，虽然银杏林荫路和图书馆前变成了步行者的空间，但是从校园整体规模上来说还远远不够。的确，校园整体占地面积55公顷，建筑规模也达到了90万平方米，提供车辆服务的这个问题自不待言。但是，取消人行道和车行道的区别，车辆的行驶路线尽可能地限定在校园周边，或是限制车辆驶入的时间等，通过这些方法不就能创造出令人安心地散步休憩的校园吗？

校园南北跨度大约一公里，步行范围的距离也不过如此，所以一般的事儿通过步行或是骑自行车就足以解决。虽然行车会多少有些不便，但是已经到了应该断然采取大幅度地改善校内交通环境措施的时刻了。

（岸田）

东大与银杏树
—— 树龄百年的行道树

代表校园的行道树有光叶榉树、银杏树及樟树。银杏树还被用于东大校徽，堪称东大的象征性树木。但是，从明治10年（1876年）所拍摄的正在建设中的校园照片上，却完全看不到类似银杏的树木。由此可知，装点现在校园的银杏树是很久以后才种植的。

现在保存有明治19年（1886年）和明治30年（1897年）绘制的校园平面图。比较这两张平面图会发现，明治30年的平面图上校内铺设有贯穿南北的道路，此外还有几条与其基本垂直交叉的东西走向的道路，而明治19年的平面图里却看不到这些。因此可断定，明治19年至明治30年这段时间，校园建设快速发展，形成了今天校园的主体框架。

根据记载，明治28年（1895年）左右，与现在相比位置稍微偏南的正门被搬迁到现在的位置。此外，现在的安田讲堂所处的位置当时曾是明治末期规划修建大讲堂最有希望的候选用地。明治38年（1905年），当时的校长滨尾新，从正门至预计修建大讲堂位置的道路两侧种植了高约一尺的银杏树，以作将来的行道树使用。这些银杏树后来成为从正门至安田讲堂、

叶子变黄了的银杏树和英国建筑师康德尔的铜像

　　法文1号馆和2号馆之间的行道树。在校园内有意识地开始种树大概就是从那时开始的吧。尤其是从正门至工学部以及图书馆地区路上所见的银杏和喜马拉雅雪松，与从正门至安田讲堂之间的银杏树树高大体一致，大致是同一时期种植的树木。滨尾当校长时种植的银杏树，现在树高已达到20多米，树顶似乎要与建筑物一争高低般冲天直立。

　　进入11月份以后，校园里的银杏树叶开始变黄，12月上旬银杏即将落叶前夕那一片闪耀的金黄色格外美丽。天气晴朗的日子，在阳光的照射下银杏叶闪闪发光，引得许多人驻足观赏。

　　昭和57年（1982年）以全国229所城市为对象进行的调查结果显示，银杏是在日本种植得最多的行道树。在193所城市里竟然种植了大约30万棵的银杏树，其次是悬铃木和三角枫，仅这三种树就大约占所有行道树总和的44%。此外，还有槐树、垂柳、光叶榉树、染井吉野樱、梧桐等。校园里数目最多的树是光叶榉树，其次是银杏树和樟树。表明本乡校园的植树倾向与城市行道树多少有些不同。

银杏的学名是Ginkgo biloba。属名来自银杏，种小名意为带有两个裂片。形容银杏树叶前端经常分裂为两片。银杏堪称植物里的活化石，与其种族相近的植物，从中生代的侏罗纪至新生代仅发现了它们的化石，没有现存的植物。银杏身上有许多较为原始的特征，拥有精子就是其中之一。曾在理学部植物学研究室供职的平濑作五郎于明治29年（1896年）发现了银杏精子。被发现精子的那棵银杏树至今仍保留在附属植物园（小石川）。

野生状态的银杏树仅在中国的浙江省发现过，据说日本室町时代也曾栽培过银杏树。银杏树虽然较为原始，但是它有很强的环境适应能力，而且对病虫害也有很强的抵抗力。

世界上有非常漂亮的银杏行道树。因人们讨厌银杏扑鼻的恶臭气味，所以专门选择雄株作行道树。大概当时区分雌雄的技术还不够发达，所以校园里的银杏行道树中混杂了很多雌株。

（大场）

设计大学的圣像
—— 大讲堂与大正时期的"大学改革"

大讲堂修建之前，本乡校园内每所分科大学（学部）都修建了形式各异的建筑。但是等到修建大讲堂时，却要求将其设计为整个东大的象征，进一步说就是将其设计成大学的圣像。

内田祥三留下来的大讲堂初期设计方案图显示，其设计的出发点在于英国，特别是英国剑桥大学学院建筑中所能见到的门塔。即使是现在，在大学校园里修建有塔的建筑已不是什么新鲜事了，但是从这张图上可以看出，内田当时已经意识到门塔是以圣三一学院为首的尤其是历史悠久的大学的象征。

现在的大讲堂，从四角修建的八角形小塔、柱型的突出、时钟等上面虽然能感受到内田设计的遗风，但是建筑物整体给人的印象却完全不同。雄伟的外形轮廓分明、框架牢固，被暗红色墙砖包裹的身躯，像是要从钟楼向天空散发力量般地充满了活力。这里既没有初期设计方案里的中庸的均

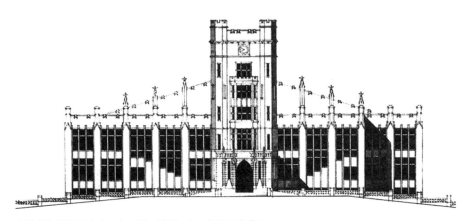

大讲堂初期设计方案（内田祥三绘制，内田美祢氏收藏）

衡，也没有内田在即将动工之前亲手设计的工学部2号馆的那种哥特式的细腻。它是校内所有建筑中前所未有的一个独特的设计。

　　这种设计与被称作"表现派"或"阿姆斯特丹派"的当时欧洲建筑设计发展的新趋势有一定的关联。大讲堂被修建时，东京大学正力图从明治以来的分科大学制转变为现代的学部制综合大学。为展示正在形成的大学面貌，需要一个强有力的、具有撼人心弦效果的新形式来体现它。大讲堂的设计捕捉到了这一巨大变化的一瞬，堪称是在中世纪以来的大学圣像的基础上被重新描绘出的新时代大学的圣像。

　　大讲堂内部在学生运动时虽遭到严重破坏，但现在讲堂大厅内和天皇出席毕业典礼时所使用的

大讲堂（摄影：GA摄影工作室）

御座、为天皇休息准备的便殿以及大门门廊的照明设施等，已基本修复为竣工当初的样子。讲堂大厅内还新改造了音响装置，并做了吸音处理，可以重新在此举办毕业典礼等活动，大讲堂被作为大学集会的空间而重新启用。

与大讲堂相类似的设计，还有理学部旧1号馆（大正13年，即1924年）、医院南研究楼（大正14年，即1925年）、龙冈门原夜间诊疗所（大正15年，即1926年）等。但是，这一潮流也被吞没到灾后校园重建样式"内田哥特式"这一更易于理解、易于修建的合理的设计体系之中。为重建校园而进行的大量建设，已经不再需要修建大讲堂时所追求的那种热诚的"图像解释学"。大讲堂建设前后，虽然时间很短，但当时创作的那些绽放着耀眼光芒的设计，至今依然为校园增添着些许微妙的色彩。

（岸田）

涌泉与采果
——装饰安田讲堂的壁画

在安田讲堂的门厅和舞台的墙上绘有巨幅壁画，用壁画来装饰大讲堂这一决定在工程建设初期阶段就已经定下来了。1923年1月30日召开的大讲堂建筑委员会上决定，"通过在大讲堂舞台及便殿内绘制壁画的决议。但是，有关画题、画家的选定、场所等问题，需设协商员小组讨论决定"。协商员小组经决定由工学部冢本靖教授、伊东忠太教授和文学部松本亦太郎教授、姐崎正治教授、泷精一教授组成（内田祥三文书《东京帝国大学大讲堂建设经过概要》大学史史料室藏）。

文中的"便殿"指的是天皇休息室。自东京帝国大学成立以来，天皇出席毕业典礼已成为惯例，但是校内却没有迎接天皇驾临的便殿，因此从很久以前就一直期盼着能修建便殿。大讲堂正面二楼，一个能俯瞰一直延续到正门的林荫路的位置被选定为修建便殿的场所。

进入20世纪以后，陆续在帝国剧场、东京站、大阪中央公会堂等公共建筑内部装饰了壁画，据说这也是受欧美著名大学的讲堂和图书馆里绘制壁画的影响。

安田讲堂舞台

画家的选定工作迅速进行，一个月以后，小杉未醒（1881~1964）被委托创作大讲堂舞台和走廊的壁画，藤岛武二（1876~1943）被委托创作便殿的壁画。

小杉是日光神官之子，在跟随五百城文哉和小山正太郎学习之后，受横山大观的邀请在日本美术院创立了西洋画部，当时作为春阳会的核心人物在画界十分活跃。法国画家沙万（Pierre Puvis de Chavannes）对当时西洋画家们的影响非常广泛，可以说小杉是当时的顶尖人物。沙万在巴黎的先贤祠（Pantheon）和索邦（Sorbonne）大学的大讲堂绘制了壁画一事，即使在日本也非常有名。

因关东大地震而一度中断的大讲堂建设工程顺利进行，据说从1925年4月开始，小杉把法学部的一间教室当做画室，每天到学校来创作。这时，画题已经被定为"土"、"泉"、"成熟"。前两个计划绘制小幅的放在走廊，把"成熟"绘制成大幅的作为舞台背景，意味着曾在这所大学就读的学生们的"成熟"。

按照小杉的构想，这三幅画均呈半月形，但随着舞台设计的变更，完成

"动意" 1楼走廊（西侧）

"涌泉"（左）与"采果"（右）

"静意" 2楼走廊

东侧 1 楼走廊

的画作半月形的外侧竟一直高达天棚。于是,将迎面左侧的画命名为"涌泉",右侧的画命名为"采果"。"汲取涌出的泉水、采摘成熟的果实"这一构图,将当初寓意学生们的勤学与成长的三部作品的构想合而为一。

有研究表明,小杉虽然采用的是天平风俗,但是其创作的范本是索邦大学大讲堂里沙万绘制的壁画"索邦……诸科学的寓意"(林洋子,《论东京大学·安田讲堂内的壁画——小杉未醒与藤岛武二的尝试》,《东京大学史纪要》第九号)。走廊上的两幅是根据新的构想创作的,被命名为"动意"和"静意"。

藤岛武二,与小杉相同,也是一位深受沙万壁画影响的画家。他也热情高涨地投入到了便殿壁画的创作之中,但是却为应该在那儿画什么而犹豫不决。当时的《帝国大学新闻》曾几度采访藤岛,并对藤岛的构想进行了报导。藤岛说他想在壁画上表达"真善美",但是还没有决定是通过人物来刻画,还是通过风景或是花鸟来刻画,此外有关时代的设定也极其困难。最终,他的构想未能得以实现。

小杉的壁画"涌泉"、"采果"、"动意"、"静意",在所谓的东大学生运动时期遭到了严重的破坏。1990年,这些壁画被修复,再次恢复了往日的神采。

(木下)

失去的塔和钟楼

校内现在只有大讲堂有塔或钟楼,但是以前很多建筑都有塔或钟楼。最早出现钟楼的是明治9年(1876年)建造的原医科大学(原东京医学校)本馆,位置在现在的医院中央诊疗楼附近,在模拟西洋风格修建的建筑物顶端立有一钟楼。这一建筑现在被整体迁移到了小石川植物园,被改造成博物馆而使用至今,但是现在屋顶上只剩下了小塔,时钟已经不见了。

继医科大学之后,原工科大学(明治21年,即1888年)本馆也修建了钟楼。工科大学本馆位于现在的工学部1号馆附近,钟楼修建在本馆中庭正面上方的三角破风上。

原工科大学虎门校区的博物馆有个非常著名的钟楼,甚至还曾经被画在当时的扇绘上。由此可知，对于明治时期的大学校舍来说，钟楼是一个不可缺少的重要组成部分。

法科校舍虽没有设钟楼，但大正3年（1914年）建成的法科八角讲堂的顶端设置了排气用的小塔。理科大学（明治21年，即1888年）的校舍既没有塔也没有钟楼，那是因为从法国归来的设计师山口半六认为钟楼与他所擅长的古典主义设计不相符的缘故。

明治30年代以后，病理、解剖、法医等医科校舍都分别建有小塔。在呼吁跨学科研究的今天您可能无法想象，当时每个专业都占据一栋建筑，他们希望自己所在的建筑物即使是在外形上也能够体现出其各自的特点。包括弥生校园里一高（旧制第一高等学校的简称）的巨大钟楼在内，在现在校园所属的范围内耸立着多达六七个塔和钟楼。

钟楼到了一定的时刻

原工科大学钟楼　震灾发生后不久从工科大学本馆中庭拍摄的照片。（综合图书馆藏）

原医科大学钟楼（明治后期，摄影：须藤宪三）

就会鸣钟。据说工科可能是顾虑到先它一步建成的医科，所以调小了音量。在同一所大学校园里，从各处传来报时的钟声，也别有一番情趣吧。对每一所分科大学的学生和老师来说，仰望着同样的塔和钟楼，听着同样的钟声，以此来切实感受到自己属于一个共有同一时间和同一空间的共同体，这就是钟楼所起的作用。

这种对于塔和钟楼的需求，与当时东京大学的性质有一定的关系。成立之初的东京大学是由几个分科大学组合在一起的大家庭，正如建筑样式每科都不同一样，每个分科大学，或者自己设置塔和钟楼，或是既然别的分科大学设有钟楼那么自己就不设钟楼，通过设置与否来力图明确各自的独立性、自律性。

这些塔和钟楼，因震灾后校园重建计划的实施而全部消失了。重建计划，是在将原有分科大学割据的大学转变为由学部构成的综合大学这一理念下制定的。大讲堂的钟楼作为大学整体的象征而登上历史舞台，与此同时，明治时期的塔和钟楼也顺理成章地结束了其历史使命。

（岸田）

安田讲堂的喜马拉雅雪松
——象征大学的针叶树

喜马拉雅雪松可谓是日本最有名的外来针叶树，在公园等地也经常能看到这种针叶树。喜马拉雅雪松传到日本的时间是明治十二三年左右，据说最初是由英国人布鲁克从印度喜马拉雅附近带来的苗木和种子。

喜马拉雅雪松的名字（注：日文罗马字拼写为Himarayasugi），可能会令人误解它是与杉树（Sugi）同类的针叶树，但是从亲缘关系上看，它更接近于松树。与喜马拉雅雪松同类的雪松（Cedrus）共有四种，分布于面向地中海的北非阿特拉斯山脉（阿特拉斯雪松）、塞浦路斯岛（塞浦路斯雪松）、小亚细亚（黎巴嫩雪松）、阿富汗至印度西北部（喜马拉雅雪松）。这四种雪松非常相像，也有专家认为它们是同一种雪松的地理变异。

在日本，除塞浦路斯雪松外，其他三种都有种植，其中远远排在第一位的是喜马拉雅雪松。喜马拉雅雪松学名Cedrus deodara。喜马拉雅雪松这一日本名字来自德语Himalajazedar。英文名是Deodar或Indian cedar。尽管名字是喜马拉雅雪松，但它并不是分布于整个喜马拉雅地区，仅产于少雨的西喜马拉雅地区。

东大校园里所见到的雪松属于喜马拉雅雪松，它与黎巴嫩雪松之间存在着微妙的区别，从树形和松果等的形状来判断，其中也夹杂着介于两者之间的树木。

校园内喜马拉雅雪松种植得最多的地方有安田讲堂后面的庭园部分、怀德馆，以及从赤门至正门一带本乡大街沿线樟树树列的内侧、法文2号馆和法学部3号馆的道路与图书馆前广场相连的角部、农学部1号馆和2号馆之间等。

我在银杏那部分曾经提到过，正门至安田讲堂的法文1号馆和2号馆之间的银杏行道树，与正门至工学部以及图书馆一带种植的喜马拉雅雪松树高大致相同。基本是同一时期种植的树木。种植的时间很有可能是在大正12年（1923年）关东大地震发生之后，树龄大概有80多年。

农学部从驹场搬迁到本乡地区的时间是昭和10年（1935年），据此推测农学部1号馆和2号馆之间的成排绿树应该是在这些建筑物竣工后种植的，所以，农学部的喜马拉雅雪松与校园其他地方

安田讲堂后面的喜马拉雅雪松

的喜马拉雅雪松相比,树龄较短,树的高度也稍矮。

安田讲堂东侧庭园内的喜马拉雅雪松,是与银杏树同时种植的。以讲堂后侧半圆形建筑为背景分布的喜马拉雅雪松,裸露着挺拔的树干。那是因为不光是下边的树枝,就连相当高的上边树枝也被砍伐下来的缘故。喜马拉雅雪松一般都因巨大下枝的遮挡而无法看到它的树干,所以这些裸露着树干的喜马拉雅雪松不禁令人感觉有些怪异。

针叶树的同类在世界上大约有600种,其中近40种在日本都有自然生长,此外还有像丝柏和杉树等被大范围种植的树种。在日本,以神社的御神木为首,人们在精神层面也非常重视使用针叶树。杉树在日本各地都很多见,但是校园里却没有杉树。校园里的环境虽然不适宜杉树的生长,但这并不是没有杉树的直接原因。少数树种另当别论,校园内栽种的树种都是慎重挑选出来的。至于为什么选择了喜马拉雅雪松,这一问题虽然有些难以回答,但我认为答案或许是因为喜马拉雅雪松被视为代表欧美校园景观树种的原因。

（大场）

将“前庭”改为“广场”

如果将“广场”视为面向所有人开放的、很多人都能在此休憩的开阔的场所,那么除综合图书馆前庭以外,大讲堂和农学部本馆等建筑的前庭也可称为“广场”。

大讲堂前庭修建于第二次世界大战前,当时仅在讲堂前方种有一对高大的樟树,除此之外没有任何其他绿植,整个前庭显得非常空旷。这么设计的目的是为了准备迎接天皇出席毕业典礼时,马车和车子能大幅度地掉头并顺利地驶入讲堂入口的门廊。

昭和51年（1976年）,在前庭地下修建了中央食堂以后,前庭四周摆放了长椅,柏油地面也改成了草坪。自东大学生运动以来一直荒废至今的这块土地变成了人们休憩的场所,这一转变虽然很好,但也有不尽如人意之处,前庭因树木的遮挡而视野不够开阔,特意铺设的草坪也因种有矮树而难

大讲堂前的草坪广场（摄影：笔者）

以找到可以落座的地方。

　　前几年,学校重新审视室外环境,对这个广场也进行了整修。广场上种植的灌木丛被剪短,草坪上的矮树也被撤走。坐在长椅上能一直远眺到对面,天气好的时候还能看到很多人坐在草坪上吃便当。

　　农学部本馆前,正面宽阔的台阶正好适于作长凳,经常有学生坐在那里。而且左右两边的灌木丛里也放置了几个长凳。据说那是砍伐农学部1号馆、2号馆前生长的喜马拉雅雪松时,用砍伐的木材制作的。原本缺乏风趣的这个地方看起来也变得稍微有些雅致了。

　　与之形成鲜明对比的是工学部1号馆前庭和医学部本馆前庭。工学部1号馆前庭虽然植被丰富,但是相反也造成了视野不开阔,而且还有很多地方树木繁茂以致人无法进入。这里虽然很适合猫咪晒太阳和狗狗解手等,但是却找不到能够方便人类使用的通常放置的长椅。盛夏,绿荫凉爽的大银杏树周围被便于车辆出入的巨大的圆形院子所环绕。这种场所就是本来意义上的"前庭",是用来修饰位于里面的高大建筑,为显示其全貌而设置的

大讲堂南侧广场（摄影：笔者）

一种空间性装置。

　　大讲堂南侧一角，茂密的灌木丛被清除了，草坪上放置了长椅。因附近设有食堂等服务设施，所以这一带总是非常热闹。在校内，只要稍微重新考虑一下树木应有的状态，那么就会有很多地方从"供人看的场所"转变为"人们能够使用的场所"。

（岸田）

围墙上呈现的"历史时代感"

　　本乡大街沿线的校园风景非常壮观。平淡无奇的国道沿线风景到了这里骤然转变为由砖造围墙和巨大樟树构成的连绵800米的壮丽景观。砖造围墙全部是明治时期的产物，其中正门和赤门之间的那段围墙年代最为久远，是明治30年代修建的。

　　每隔3.6米左右设置的柱子顶端，装饰着被戏称为丁字髻的三角破风

（三角形山墙），铁栅栏上带有顶端分成三片叶子的植物形状的装饰花纹。自古以来人们就对围墙的设置有着种种争议，一种是反对派，他们认为围墙使校园孤立于外部世界；另一种是赞成派，他们认为从防盗的角度来看搭建围墙是十分必要的。两派之间的争论使得就连在学校开设一个便门都很难统一意见。诚然，围墙在人们进出这点上确实是切断了校园与外部世界之间的联系，但是用优美的铁栅栏制作的围墙视野开阔，因此也可以说这种围墙把城市与大学连接在了一起。

仔细观察会发现，正门和赤门之间的围墙柱子细长，柱子顶部的装饰也很简单。水平铺设的石线被每根柱子断开，围墙下面仅能看到很小一部分的防护壁也是用不规则的石材堆砌而成。

相反，正门北侧的围墙，柱子较粗，顶部的装饰也采用了四面破风，做工非常精巧。铺设了多层石带，防护壁也由大小形状规整的石材堆砌而成。这段围墙虽然是与正门在同一时期、即明治末期修建的，但是整体上修建的形式更为厚重。这大概与学校内外地表落差南北不同有一定的关系，但相比之下，还是南侧的围墙简洁轻快，令人产生好感。

正门左右，粗大的角柱四周因受其后面樟树根系扩张的影响而出现安全隐患，所以对其进行了解体和复原工程。修复时采用了与原来色调相近的深谷产的砖，所以工程结束后很多人都看不出来到底对哪些地方进行了改动。

令人感到有趣的大概要数工学部2号馆（大正13年，即1924年）周围被修复的围墙。竖向排列的圆圈装饰与竖格相组合的设计，令人清晰地感受到与明治所不同的大正的感觉。

转到校园的后面，你会看到贴着浅茶色纹理墙面砖的围墙。那是昭和初期修建的，除墙砖不同外，其他都沿用了明治时期的建筑样式。

最近，重修了工学部后面、言问大街沿线的预制钢筋混凝土墙。从西向东，红砖造的柱子逐渐变为粘贴淡褐色纹理墙面砖的柱子。这是因为，西边遗留下来的是明治时期的围墙，而东边遗留下来的却是昭和时期的围墙。这是为了把两个时代连接起来而使用的苦肉计。

（岸田）

正门南侧的围墙

正门北侧的围墙

言问大街沿线的新围墙

工学部2号馆被修复的围墙（摄影：笔者，其他三张同）

从法文1号馆看"八角讲堂"和"兽道"

法文1号馆（昭和10年竣工，即1935年）面向大讲堂的部分呈八角形形状，只在其周围部分绕有空壕。在震灾发生前，那里曾建有砖造的法学部大教室，被通称为"八角讲堂"（明治44年动工，大正3年竣工，即1916年）。现在的法文1号馆建在震灾后残留的八角讲堂地下构造之上。即使是现在，面向空壕，依然保留着明治时期修建的带有厚厚花岗岩弓形结构的窗户、向外突出的巨大的支墙垛等。

现在被作为锅炉房使用的地下室内部，有的房间还依然保留着当初的原貌。在空壕顶部被封上的建筑物北侧，原样埋藏着明治时期修建的砖造外壁。法文1号馆的构造特别耐人寻味。其设计者内田祥三，尽可能地不破坏明治时期原有的砖造隔断、天棚、地板等，向其中新插入了钢骨钢筋混凝土骨架。用现在的话来形容，就是巧妙地进行了抗震加固。

"八角讲堂"曾是当时校内最大的讲堂，但讲堂建成后还不到10年就遭受了地震灾害。内田认

法文1号馆地下室外壁的窗户和支墙垛（摄影：笔者）

为那是一个巨大损失的想法一定很强烈吧。但是，继续沿用原有的特殊平面地下构造，并不是单纯地因为觉得惋惜而舍不得丢弃，而是因为其中还蕴含着更深的用意。也许内田认为，通过利用没有直角的八角形，可以把从正门延续过来的林荫路与大讲堂前庭自然地衔接起来，以此来达到将大讲堂前庭柔和地围绕起来的目的。也许他还认为八角形平面非常适宜将三个大教室立体地囊括起来。无论怎样，法文1号馆的身上体现了内田从古老的建筑遗迹中解读新的可能性这一灵活创意。

旧图书馆旁边的"兽道"（明治后期，摄影：须藤宪三）

　　同样，巨大的连环拱廊也体现了内田的这一灵活创意。内田在震灾后的校园重建计划中，规划了一条从现在的医学部1号馆出发、穿过法文拱廊、最后直达农学部的贯穿校园南北的大路。现在的综合图书馆当时曾建有砖造的旧图书馆和医学部校舍等，在它的东侧，在建筑物和三四郎池绿地之间曾有一种"兽道"。内田当时以长远的眼光预见到，只要在新的法文校舍之间通上连环拱廊，就可以将"兽道"重新修整为今天大家所看到的贯通校园南北的主干道。

　　昭和50年代以后，法文校舍都在楼顶进行了增建，设有连环拱廊的文学部3号馆也已建成。站在微暗的连环拱廊下闲谈的学生和教师们的身影，无论什么时候见到都会让人觉得这才是一个大学应有的样子。对待"历史"，我们是应该单纯地"保存"它，还是不把它视为弱势群体，从新的角度去重新诠释，从而使之在未来的规划中也能继续保持生机呢？内田以大胆且细腻的手法实践了后者，为我们留下了宝贵的经验。

（岸田）

纹理墙面砖的过去与现在

校园内的纹理墙面砖，大部分都是第二次世界大战前建筑物的外部装潢材料。即使是最近，重新烧制同样的墙面砖，或是挑选颜色相近的墙面砖来装饰外墙的例子也不在少数。

纹理墙面砖在日本的普及，要归功于美国著名建筑师弗兰克·劳埃德·赖特（Frank Lloyd Wright, 1867~1959）。赖特在旧帝国饭店（大正12年，即1923年）的设计里大规模地使用了这种墙砖。该建筑因在关东大地震中几乎没有受到任何损坏而备受关注。

日本修建了很多被称为"赖特式"或"赖特风格"的粘贴纹理墙面砖的建筑，如旧首相官邸、文部省等政府机关和公共团体机关的建筑等。这些建筑之所以大多使用纹理墙面砖，也许是因为这种墙砖防火性强，柔和的素烧质感令人喜爱，抑或是即使在施工时有些不均匀的色差也不显眼，而且还会令人觉得很合理的原因吧。

第二次世界大战前的纹理墙面砖里混杂了一些色调微妙不同的墙面砖。当时对墙面砖烧制的温度管理不像今天这么严格，一不小心就会出现色差。虽是一种次品，但负责校园重建工程的内田祥三将这种次品当做色调的变化，用以表达建筑的凹凸感。

有趣的是，第二次世界大战前的每栋建筑，相互之间都有少许的色差。这似乎是从某一时期开始不断改变土的配置比例而造成的，其色差变化之丰富令人惊叹。

其中，最具韵味的是法学部研究楼（大正13年，即1924年），其色调整体呈淡褐色，仅凭少许色彩的浓淡来演绎建筑物的个性。相反，法文2号馆（昭和13年，即1938年）的墙面砖，颜色既有略微发黑的，也有相当偏红的，色差变化幅度大，很是花哨。

现在，据说要烧制带有色差的纹理墙面砖，就必须特意改变陶土的配置比例和烧制的温度条件等。尽管如此，也无法再现过去那种细腻的色调变化。

校园里的新建筑，尽管外观发生了巨大的变化，但仍然在费时费力地复

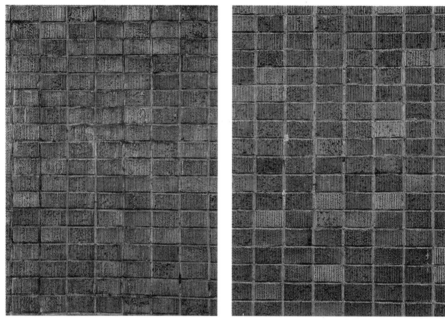

法学部研究楼西侧

法文 2 号馆西北角

法学部 4 号馆

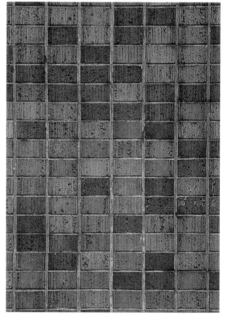

工学部陈列馆南侧（摄影：笔者，其他三张同）

原过去的墙面砖。然而，当时那种墙面砖，是在震灾发生后所处的那种严峻形势下，因其合理性而被选择的，此外也因其具有微妙的色调而被提升为一种表现方式。看到最近修建的建筑，我认为现在应该去找寻适合现在建筑的纹理墙面砖，而不是一味地复古。

（岸田）

坐着的人
——本乡校园的中心

　　想知道一座铜像大小的最简单的方法，就是测量铜像脚的尺寸。

　　为了那些虽然手执此书，但是却没有随身携带量尺的读者朋友们，本文在此将这尊铜像脚的尺寸，准确地说是鞋的尺寸予以公布，其长度为60.5厘米。仅次于它的巨大铜像是古市公威的铜像，其长度为45厘米，康德尔先生的铜像长度为39厘米。很显然，这尊铜像是本乡校园里最大的铜像。

　　铜像的大小一般分很多种，但归根结底也只有三种，即跟本人大小相同的铜像、比本人大的铜像和比本人小的铜像。从铜像是模拟其本人雕刻的像，也就是"肖像"这一本质来说，与本人大小相同的铜像最为理想。

　　雕刻比本人大的铜像理由有很多。首先，只是单纯地认为铜像越大就越表明这个人的伟大。这不仅在古今中外的美术史上，而且在现代对报纸照片的处理上也都有所体现。

　　但实际上，铜像的大小是由能募集到多少修建它的资金而决定的。校园内的铜像，不是用国民缴纳的税金修建的。是由希望修建铜像的那些志同道合的人们自愿捐献的资金修建的。有此意愿的人越多，其结果修建的铜像也就越大，相应地铜像的主人也就愈发伟大。

　　不依靠铜像的大小来表现铜像主人高贵身份的方法是让他或她坐在椅子上。说句题外话，女性坐姿的铜像本来就很少见，但是在浅草寺院内就立有一尊女性坐姿的铜像。铜像的主人是瓜生岩子，这尊铜像是1901年为歌颂她为社会福利事业做出的贡献而修建的。铜像里的瓜生岩子不是坐在椅子上，而是端坐在坐垫上。

滨尾新像（摄影：笔者）

正如"就座"一词所示，无论是政界，还是学界，各种特定领域的最高处都备有一把椅子。玉座、王座是其中最顶尖的椅子。这尊铜像的主人滨尾新（1849~1925），曾分别于1893年和1911年两度坐上东京帝国大学校长的宝座，是一位很少有的人物。在那期间，他还担任过文部大臣，在教育行政上留下了巨大的功绩。

滨尾新是丰冈藩士之子，1877年东京大学创立时，作为法文理三个学部的副总管，辅佐当时任总管的同乡加藤弘之（1836~1916）。铜像背后的壁面上，刻有一篇歌颂滨尾功绩的长长的文章。据文章上所写，滨尾新的葬礼在刚刚竣工不久的安田讲堂举行，上至敕使，下至学生，参加者有一千余人。之后，组成了"滨尾先生纪念事业执行委员会"，1933年铜像竣工。雕刻家是堀进二，他曾亲手雕刻了多座医学部教授的铜像。仅次于滨尾铜像的第二大铜像、古市公威铜像也是堀进二的作品。

另外，我希望大家能关注一下铜像所建的位置。不论是医学部，还是工学部，每位教授的铜像都被建在与其有渊源的地方。与此相比，滨尾新的铜像背对三四郎池而立，似在守护着安田讲堂。其原因不用多说，自然是为了歌颂他为大学所做的贡献。滨尾新的铜像大致位于本乡校园的正中心。

此外，与滨尾一起参与了东京大学创立的加藤弘之的铜像，不是在他逝世后修建的，而是在他晚年时修建并赠送给他本人的。现在这尊铜像被安放在综合图书馆内，由此可知，加藤的铜像也是被立在校内公共性相对较高的场所。加藤铜像的雕刻家是朝仓文夫。

旧台座正面雕刻的以下这些文字，简明扼要地记述了铜像建立的原委。"为祝贺加藤弘之先生八十寿辰，与加藤先生相识的有此志者共同商议立此铜像赠与先生。一九一五年六月"。

（木下）

银杏与麦特罗
——食堂也有着悠久的历史

这个地方白天不大引人注意，到了夜晚，带有"食堂银杏·咖啡厅麦特罗"字样的纸灯点亮后，就会骤然令人意识到它的存在。它所处的位置是法文2号馆和三四郎池之间的坡路，那一带铺设了即使在校内也不大多见的方块石路面，因此每当夜幕降临，黑暗笼罩四周，这里都会别有一番风味。

那盏纸灯，也是有着一段历史的。上面写的汉字"银杏"，不读"Ginnan"，而是读成"Icho"。但人们通常都把这里称为"麦特罗（Metoro）"。"银杏"和"麦特罗"之间有个间隔号，所以严格说来，不是"银杏麦特罗"，而是"银杏与麦特罗"。

这表明，以前这里曾开有两家不同的店。现在，步入店内，如果你仔细观察，就会发现右侧像是咖啡厅，而左侧则像是食堂。尤其是后者，甚至还备有"宴席"，到了晚上，常常令人觉得似乎变成了家小酒馆。我所在的研究室，每年都在这里举办新生欢迎会。

"银杏·麦特罗"的历史可追溯至大约1936年。也就是法文2号馆刚开始修建，就马上在地下开办了"学生第一食堂"。经营者是加藤清二郎，食堂内可容纳278人就餐（数据来源于《昭和11年度东京帝国大学学生福利设施概况》）。进入食堂，眼前墙壁处陈旧的洗手池，就是当时遗留下来的。

战争结束后，"学生第一食堂"被须田町食堂（现在的日本食堂）收购，不久转而又被东京大学协同组合（现在的东京大学消费生活协同组合=生协）收购。食堂于1958年聘请营养师，引入了套餐制（分A、B、C三种套餐）。

另一家咖啡厅，从1936年左右起也与食堂一起位于同一个地下。店名是"第一咖啡厅"，由宝岛升经营，又被称为"牛奶厅"。其所处的位置，在现在经销文具用品和计算机器材等商品的第一超市内。第二次世界大战后不久，在生协成立的同时，接着在同一位置开了间咖啡厅。在超市的仓库里至今还保留着当时的柜台。之后，咖啡厅曾一度迁入御殿下运动场下方，后来又在1976年与"第一食堂"合并，因位于安田讲堂地下的"中央食堂"开业，遂改名为"银杏·麦特罗"。

"第一食堂"的名字虽然消失了，但"第二食堂"（通称"二食堂"）的名字依然得以保留。"二食堂"所处的建筑是何等的华丽，这点从站在入口大厅仰视天花板就可以看得出来。1934年竣工以后不久，分别在二楼和三楼开设了食堂和咖啡厅。据说当时是由富士冰淇淋公司经营的。

第二食堂入口大厅的天花板

第二次世界大战后,食堂被关闭,咖啡厅由三原堂接手,但经营方面却由生协负责。因厨房较为宽敞,所以在里面放置了制面机,据说还因此提高了面食质量,得到了用餐者的一致好评。现在,三楼被用于学生大厅。

现在,生协在本乡校园内经营的食堂,包括农学部食堂在内共有4个食堂,每个食堂的座位数和一天的就餐人数如下所列。

银杏·麦特罗　　　　270个座位　　　　就餐者1 490人

中央食堂　　　　　　420个座位　　　　就餐者3 083人

第二食堂　　　　　　300个座位　　　　就餐者1 110人

农学部食堂　　　　　240个座位　　　　就餐者1 261人

(2002年4月和5月的实际状况统计,由东大生协提供)

此外,本乡校园里,包括医院在内共设有九处食堂。

(木下)

从空中俯瞰校园

看本乡校园的航拍照片,你会发现杂乱无章的东京市内,本乡校园所在地简直就是一个尺度感截然不同的世界。整齐排列的建筑群与开阔的广场、紧凑的林荫路连成一线,浑然一体,构成了另外一个世界。但是,仔细看也会发现每栋建筑楼顶混凝土和防水苫布等形状参差不齐,楼顶还放置了各种机器,污痕也非常显眼。

屋顶之所以变成大家今天所看到的平顶,是因为根据震灾后的校园重建计划将以前几乎所有建筑都重新翻盖了的结果。震灾发生前的校园,瓦顶砖造校舍林立,其中也不乏那些建有小巧玲珑的塔和钟楼等的建筑。那时,木结构的教师馆也还在,冥想当时的校园,远比现在茂密得多的树林里,散布着一座座瓦顶建筑,那景致一定非常宁静优美。

今天深受大家喜爱的"狗窝"的瓦顶门廊,就是那时的建筑遗风。该门廊仿照明治时期原法文校舍和图书馆的门廊样式修建,顶部尖头的弓形结构、脊饰及尖顶饰等都非常精致。

国外大学中,即使是在现在,其瓦顶建筑给人留下深刻印象的校园也不

从空中俯视到的本乡校园　靠近这边的是工学部,远处可看到法文校舍。(摄影:GA摄影工作室)

武田先端知大厦楼顶平台　从这里可以一览整个校园。(摄影:笔者)

在少数。甚至还保留着石板瓦顶建筑的剑桥大学就是其中之一。此外，在黄铜色瓦顶建筑林立的市内散布着各个校舍的博洛尼亚大学，大量使用了西班牙筒瓦的斯坦福大学等，这些大学的校园也都给人留下了极为深刻的印象。

博洛尼亚大学和斯坦福大学，虽然都只使用的是原有的当地素材，但都能在校园内或附近高耸的塔上一览整个校园。本乡校园虽也增加了一些高层建筑，但是要想让任何人都能从钟楼眺望到整个校园，那恐怕就不得不重新认真考虑屋顶的设计了。

在瓦顶建筑从校园里已基本消失的今天，建筑物的屋顶可以说已成了人们与自然接触的宝贵的场所。在大城市里我们日常所能见到的自然，除身边的绿化外，就只剩下了天空。最近，在浅野校区建成的武田先端知大厦（2003年，工学部建筑规划室），楼顶修建了一个空中平台。这个空中平台就像是一个浮现在拥挤校园上空的广场，从这能眺望到本乡和弥生校园。衷心希望这一尝试能成为屋顶利用的一个新方式。

（岸田）

漫步路线四

图书馆・史料编纂所

崇門

旧発電所 ▲
▲ベルツの庭石

部附属病院入院棟B 楝

● 医学部附属病院入院棟A ▲旧岩崎邸

● 医学部附属病院新中央診療棟

● 医学部4号館
医学部附属病院外来診療棟

● 医学部附属病院南研究棟
山上会館龍岡門別館
ュルレル像
薬学系総合研究棟
● ● 本部棟
広報セン

理学部5号館
（留学生センター）
工学センター
● 産学連携
医学部3号館

● 懐徳館

洋文化研究所
研究博物館

综合图书馆

"广场"的景象
—— 综合图书馆前的樟树和喷泉

综合图书馆前庭有一对巨大的樟树。坐在树荫下的长椅上，倾听相轮形状的喷泉喷水的声音，你会愈发体会到这里的寂静。从正面看图书馆，图书馆左右分别耸立着文学部3号馆和法学部4号馆，图书馆对面、我们身后是法文校舍。喷水的声音被建筑物反射回来，形成共鸣，连本乡大街的噪声也似乎被它掩盖了。

整个校园内，只有在这里才能看到树形整齐匀称的巨大樟树和喷泉，因此愈发显出它的弥足珍贵和不可撼动的地位，也往往令人忽略了其他小而圆的矮树的存在。再加上建筑物之间的相互烘托，这所有的一切都作用于人的五感，让人觉得这里是校内最令人惬意的地方。

这里的主角，自然是图书馆。图书馆正面的设计非常独特，凸窗有节奏的连续和向上运动的态势展示了一种动态的平衡，另一方面，被加以装饰的柱型和墙面上设计的多条折线，又与门廊清晰的水平直线形成了鲜明的反差。凸窗向外的膨胀感因被门廊墙面巧妙地挡住而有所内敛，从而使图书馆的整个正面产生了一种富有立体感的动态美。

被评价为似是摆放了一本本书籍的图书馆正面，是经过缜密的详尽计算才设计出来的。可以说这是设计者内田祥三在其最精力充沛时期贯注全身之力创造的杰作。图书馆于昭和3年（1928年）建成。

起烘托图书馆这一主角作用的是法文2、3号馆。带有小巧弓形结构的大门总是静悄悄地伫立在那里。法文两科那两栋高耸似塔般的建筑，将凸窗反转的墙面处理得非常独特，形成了与周围古老建筑的相互呼应。

综合图书馆的正面（综合图书馆藏）

夜晚图书馆前的喷泉　与当麻寺的三重塔相同，九轮上的轮只有八个。（综合图书馆藏）

以前,这里曾是全部用方块石铺设的地面,现在图书馆正面一侧还保留有一部分当时的路面。虽然有人说这种路面不利于行走,但是被人们脚步磨薄了的无数的方块石承载了过往的历史,极其耐人寻味。现在,那里绘制了大谷幸夫创作的"曼陀罗"图,又增添了新的历史印记。

校内,能真正作为广场使用的场所非常有限。这个地方原本也只是为显示图书馆的威严而修建的前庭,现在,这里常常聚集了很多学生,变成了一个供大家使用的、宝贵的、舒适的广场。

（岸田）

一对樟树
——与行道树不同的风格

樟树树叶呈卵形,叶面中脉凸出,成明显的三出脉。仔细观察叶脉分支部分,会发现有少许膨胀,那里常常会寄居小的昆虫。

本乡校园里的樟树都是有意识地种植的。安田讲堂和综合图书馆前的广场,分别在左右各种植了一棵樟树。这两对樟树与本乡大街沿线作为行道树种植的樟树感觉完全不同。

自古以来就有在建筑物和门的左右种植一对树木的传统。平安时代在紫宸殿左右分别种植的左近之樱和右近之橘就非常有名。这对樟树也一定具有这样一种象征性意义。那么,为什么选择了樟树呢? 遗憾的是,我至今依然未能解开这个谜底。

安田讲堂前广场上的樟树,面向讲堂右侧的樟树比左侧的樟树整整大一圈。两棵树都是水平地向四周伸出粗壮的树枝,在众多树叶的包裹下显得非常繁茂。这两棵樟树以讲堂为顶点形成一个稳定的三角形,而且樟树与讲堂和法文校舍之间的距离也很适中。也可以认为这是将具有日本式树形特点的园林树按照西洋式技巧进行的布局。

图书馆前分列喷泉两侧的一对樟树,其形状也具有一种令人爱不释手的情趣。而且,它们与周围设计理念不同的建筑也非常谐调。

图书馆前的布局与讲堂相同,也种有一对樟树,这大概是两所建筑同

图书馆前种植的一对樟树

为东大象征性建筑的原因吧。图书馆正面的入口，与直接面向正门或赤门的安田讲堂和医学部本馆不同，大门前一直通向与正门垂直交叉的银杏行道树。

安田讲堂和图书馆均为关东大地震后修建的建筑，由此可判断，这种成对种植的樟树与本乡大街沿线成排种植的樟树基本是同一时期种下的。但是，与本乡大街的樟树相比，成对种植的樟树高度明显低于前者。这是因为，这些成对种植的樟树作为园林树，与欣赏其自然树姿相比，人们更注重欣赏其作为园林的一部分而被打造出来的具有园林特点的树姿。

安田讲堂前左右两侧的樟树，树高和大小均不同。原本这种对树应该左右两棵大小对称，但现面向讲堂右侧的樟树，大概是日照好的原因，生长的较为繁茂。这么说来，也可以说这种明显的差异是因为一直以来没有好好修剪树木而造成的。

除了种植一对樟树的图书馆和讲堂前广场以外，医学部2号馆（本馆）和工学部1号馆等也在前庭，各自种植了一些树木。为保持前庭景观，需要经常修剪这些树木,因此远比那些行道树要费事得多。医学部2号馆（1937年）和工学部1号馆（1935年）,是关东大地震发生后,内田祥三制定的校园重建计划中最后一批修建的建筑。有趣的是,其前庭的设置不是由所有建筑来决定,而是被设计成了一个需要设置前庭的特定的建筑。

昭和6年（1931年）左右绘制的题为灾后重建计划（本乡校园规划图）的油画上显示,现在的工学部6号馆所处的位置曾规划修建庭园。但是,这一规划未能付诸实施。从昭和11年（1936年）的航拍照片上可看到,这块预计修建庭园的地方,当时虽是一片空地,但是却找不到一丝类似庭园设计的痕迹。我认为是后来工学部6号馆的修建而导致了这一计划的破产。

（大场）

"曼陀罗"中所包含的祈祷
——舞动的文学部3号馆和法学部4号馆

图书馆前广场的"曼陀罗"（摄影·笔者）

图书馆前的广场,由于文学部3号馆和法学部4号馆两栋建筑的加入而发生了改观。新旧建筑环绕广场,为广场平添了一份寂静和沉稳,强化了这一场所原有的意义。

昭和50年代以后,学校建设高速发展,导致校内建筑用地紧张。除广场、道路和绿地外,已经找不到一块完整的建筑用地。法文两个学部的高层建筑,就是在这一背景下进行的。

新校舍修建的地点位于校园的中心,在育德园绿地相连的图书馆前广场上,也可以说是在贯穿校园南北的干道上。新校舍的建设绝对不允许出现破坏校园"核心"的行为。为此,设计者大谷幸夫非常紧张,压力很大。

虽然已有工学部7、8号馆修建在"道路"上的先例,但它们均位于校园的边缘部分。新校舍修建的必要性虽得到了认同,但围绕着是否应该在此修建这一问题,却遭到了来自校内各方严厉的质问。

为了不破坏原有的环境,使新建筑与原有环境完美地融合在一起,大谷反复思考研究,最后想出了一个设计方案。以郁郁葱葱的绿地为背景,与广场原有的内田哥特式建筑既对立又调和的新建筑,被巨大的柱列高高托起,直冲云霄。

大谷在讲述设计体会时说,那种感觉就像是在内田祥三和岸田日出刀等人创造的广场这一舞台上,新建筑合着图书馆和树木等演奏的乐曲,跳起现代的舞蹈。

确实如大谷所说的那样,新建筑的外表虽然被沉重的混凝土和墙砖固定,但是拥有细致肌理的她,犹如一位女舞蹈演员,向外弯曲,向内收拢,反转,升腾,一口气向上飞跃至30米的高空。

其细节部分的设计也非常精彩,采用了图书馆和法文校舍凸窗设计的墙面,东西两侧表情各有不同,混凝土坚硬细致的表面非常妖娆多姿。

广场上镶嵌了用有色石材等马赛克拼成的几何学图案。登上周围建筑物的顶部,向下俯视,这些图案看起来就像舞蹈演员在舞台上舞动的轨迹。实际上,这是大谷为祭奠那

文学部3号馆,空檐深处是图书室。(摄影:铃木昭夫)

些只在这里度过短暂大学时光就奔赴战场,并战死异乡的大学前辈们绘制的"曼陀罗"。

以前,在整个广场用方块石铺设的路面十分雅致。曼陀罗图也许是受各种条件的制约,而未能绘制完整。反过来说,即便是将整个图案画完了,那么巨大的曼陀罗图,如果不站在高空俯视,是根本不可能知道所画何物的。但有一件事我们可以明确地告诉大家,曾经有个人,试图在内田和他的弟子们准备的舞台上,刻下大学里有关战争那一段人们应该永远铭记的历史。

(岸田)

光线映射下的大楼梯
——综合图书馆内与"轴"相呼应的空间

从综合图书馆(昭和3年竣工,即1928年)正面台阶拾级而上,进入架有连续拱门的门廊,穿过敞开的类似青铜样的大门,正面深处出现一个巨大的楼梯。似乎足有一搂粗的仿石栏杆发出微弱的光,踏着大理石台阶上铺

以前的大楼梯顶部采光用的天棚(综合研究博物馆藏)

设的红色地毯来到三楼,那里豁然出现一个庄严的巨大空间,令人不禁联想到罗马的长方形大会堂。

这个大楼梯,以前曾设有巨大的天窗。现在,如果你走到四楼阅览室,就会发现那里至今还保留着当时采光用的天窗,这个天窗现在被用作照明天棚。昭和30年代以前,大楼梯间一直通到这个天窗,阳光从天窗射入,映射在长长的楼梯上,形成了一个富有戏剧性的空间。

对设计者内田祥三来说,图书馆与大讲堂、博物馆同为大学的"三种神

器"。当"神器"之一
的图书馆,因震灾而整
个化为灰烬时,估计无
论是谁都会认为当时
学校最重要的任务就
是重建图书馆。

图书馆内的巨大楼梯（综合图书馆藏）

　　震灾后的校园重
建计划中,内田曾计划
以当时已经建成的大
讲堂为中心,在其前面
修建图书馆和博物馆
（陈列馆）。内田绘制
的草图上,把现在的法
文1号馆指定为博物
馆,将2号馆指定为图书馆。但是,平面的形状,也就是现在的法文校舍那
种形态,无论如何也无法容纳图书馆那么巨大的面积。不容否认,内田绘
制的草图,的确给人以将其勉强塞进去的感觉。

　　这一配置方案因遭到校内各方的反对而未能付诸实施,但是究竟该庆
幸什么,这点谁也不清楚。后来,重新修改计划,将地点改为现在这个地方,
所以才产生了大家今天所看到的图书馆。

　　新的配置方案决定图书馆修建在工学部1号馆的正对面。这使图书馆
与工学部1号馆之间的连线与正门至大讲堂之间的银杏行道树相交叉,从而
要求图书馆的设计必须服从于这条在校内占有格外重要地位的林荫路中轴
线的需要,并与之相协调。

　　图书馆的新用地,地形简单,而且十分宽敞,可以随意支配大面积的空
间。内田派他的门生岸田日出刀赴欧美考察当地的图书馆,同时在校内举
办设计比赛,在对各种方案进行对比讨论的基础上,反复推敲自己的设计方
案,将其定为最终实施方案。内田的构想是,在建筑物内导入轴线设计,从
上向下射下的光线,使这条轴线不断上升,最后碰撞到书库量块折射回来,

3楼大厅　粗大的柱子上架设着巨大弓形结构的庄严的空间。(综合图书馆藏)

[楼原纪念室 (阅览室)　厚重的木制壁板墙。被改造后的照明设施。(综合图书馆藏)

形成一种富有戏剧性的空间。从上向下射下的光线映射在长长的楼梯上，将人们一步步引向那浮在空中的庄严的大厅，长长的楼梯就是在这一构想下被创造出来的。

据说，在这一方案被最终敲定之前，内田与当时的图书馆馆长姐崎正治曾产生过意见上的分歧。姐崎在美国看了内田的设计方案后，指出阅览室应该设在书库附近。内田不同意他的观点，因此二人之间发生了争论。最后，内田似乎没有被姐崎说服，仍然坚持按照与原方案相近的观点进行了施工。

现在，无论哪家图书馆的阅览室里都摆放着书架，这证明姐崎的观点当时是正确的。但内田的构想力超出了那种有关利弊关系的争论。只要光线映射下的长长的楼梯还保留在那里，现在的人们就更能体会到这点。

（岸田）

综合图书馆前用方块石铺设的路面　被切割成拳头大小的花岗岩方块石因形状酷似骰子而被俗称为平蔻露（pinkoro），图书馆前的路面用这种方块石铺设成波形图案。战前搬修校舍时，被用于铺设校内重要场所的路面。（摄影：木下直之）

书籍和报纸的宝库
——创造并传承历史

  1923年9月1日,发生了关东大地震。在地震所造成的损失中,最令人惋惜的当属图书馆的藏书。建筑物被毁掉可以重建,但书籍一旦被毁掉就再也无法恢复。地震引发的火灾导致75万册藏书几乎全部被烧光。灾后,社会各方相继向图书馆捐赠了以南葵文库为首的各类书籍。图书馆一楼阅览室墙上悬挂的由德川庆喜题写的匾额"南葵文库",据说就是应纪州德川家在捐献书籍时提出的条件而悬挂在那里的。

  内田祥三设计的新图书馆于1928年12月竣工。新图书馆的兴建得到了美国洛克菲勒财团的赞助。图书馆正面的设计源自摆放在书架上的书籍这一构想。连环拱门上方装饰了雕刻家新海竹藏创作的八幅浮雕。其中,"羊"和"松"曾在1930年举办的复兴第17届院展上展出。此外,1929年举办的第16届院展上还展出了新海的作品"春·秋(东大图书馆壁饰春夏秋冬四季之中的两幅)","春·夏·秋·冬"这四件作品,现装饰在从大楼梯

综合图书馆正面的浮雕(摄影:笔者)

史料编纂所正面（摄影：笔者）

直抵三楼大厅的南侧墙面。

　　下面，我们沿图书馆绕行一周，看看图书馆周边的建筑。图书馆的平面左右对称，东西方入口的正面设计相同。西部向南延伸，并设有史料编纂所。史料编纂所正面的设计与图书馆相同，只是规模要小于图书馆，这大概是因为两者的共同点都是积累收藏图书的缘故。

　　史料编纂所的历史，可追溯至1793年国学家塙保己一（Hanawa Hokiichi）在德川幕府的支持下开设的国学讲谈所。明治政府继承国学讲谈所开始了其修史事业。1869年，设立了史料编辑国史校正局，从1888年开始，修史事业被移交给东京大学，并一直延续至今。

　　被称为文科大学史料编纂处时最初使用的独立的办公楼是原东京医学校本馆。这一建筑原本位于赤门旁边，现在被指定为重要文化遗产，被迁至小石川植物园内（综合研究博物馆小石川分馆）。1916年与官署建筑毗邻而建的史料编纂处的耐火书库，现在仍保存在原地。随着图书馆的竣工，史料编纂处也搬迁新址，并于第二年，即1929年7月开始改名为史料编纂所。

明治报纸杂志文库（摄影：笔者）

　　不走史料编纂所的正面台阶，沿右侧小台阶向下走，就到了法学部附属明治报纸杂志文库。这里又被称为"明治文库"。因创建者是吉野作造，所以明治文库附属于法学部。而其之所以远离法学部，与史料编纂所相邻，大概是因为这里也是报纸杂志收藏宝库的原因吧。

　　步行至赤门向左转，就到了建筑风格迥异的教育学部。再向左转，就到了社会科学研究所，其前面直到前段时间为止还曾是社会情报研究所（这里也收藏了大量的过往报纸）所处的建筑。准确地说，那里是原来图书馆的东门，社会情报研究所曾在那里办公。占据门厅一半面积设置的玻璃墙对面，能看到在图书馆阅览室里苦读的学生们的身影。至此就走完了绕"图书馆区"建筑群一圈的路程。

　　从教育学部开始的这一区域，同时也是象征战败后的东京大学的场所。美国占领政策的主要目标是彻底改变日本的教育。教育学部、社会科学研究所以及社会情报研究所的前身报纸研究所，正是这一时期的产物。

（木下）

校园夏天的傍晚（社会科学研究所和育德园之间）（摄影：东大出版会编辑部）

光叶榉行道树
——宣告四季变迁的落叶树

光叶榉是本乡校园里种植数量最多的树。尤其是综合图书馆沿育德园一带的道路，以及工学部、法文1号馆和安田讲堂之间，工学部校舍左右并排直至弥生门的道路，经济学部以南关东大地震后修建的建筑物周围，这些地方种植的光叶榉树格外引人注目。

光叶榉树枝呈弓状拥有柔和的曲线，大概不止我一人感受到其优美的树姿吧。光叶榉树枝分权富于变化，令人百看不厌。冬季，能仔细地观察到其树枝的细微之处，细微处虽有各种各样的分支，但有趣的是整齐的树姿令人基本一眼就能判断出它是光叶榉树。

在校园生活的我们，经常能通过光叶榉树的变化来感知寒冷的冬天逐渐变暖的信号。这是因为树叶展开之前，凸起的树苞使这时的光叶榉树枝蒙上了一层淡淡的紫色。

从冬季到夏季，再回到冬季，在这周而复始的一年的气候变化中，温带地区以植物为中心的各种生物发生的明显变化，使我们意识到春秋季节的变换。冬季树叶落尽的树木到了春天长出新的树叶，树冠很快变成绿色。各种生物的活动就犹如以此为通奏低音般，协奏出美妙的乐章。一直到迎来下一个落叶季节，光叶榉树向在校园生活的人们传递着四季变迁的信息。光叶榉树堪称校园树木园的主人公，是校园不可或缺的树木。

夏季的光叶榉行道树（法文1号馆和工学部6号馆之间）洋溢着林间的气氛。

　　树木中，既有终年树叶繁茂的常绿树，也有到了一定时间就落叶的落叶树。落叶树又分两种，一种是在寒冷季节落叶的夏绿树，另一种是在干燥季节落叶的雨绿树。东大校园里的落叶树均属于夏绿树。

　　光叶榉树生长速度快，现在已超过了震灾后修建的建筑物的高度。夏天，光叶榉行道树犹如遮天蔽日般繁茂的树姿，以及蝉等昆虫此起彼伏的鸣叫声，令人产生恍若身处林间的感觉。

　　光叶榉树学名Zelkova serrata，与欧美多用于行道树种植的榆树类植物（Ulmus）同属榆科，Zelkova这一名字来源于高加索地区一种野生榉树的地方名。光叶榉树的同类分布于地中海的克里特岛、西亚以及东亚。中国、韩国以及日本都有自然生长的光叶榉树，在日本常见于平地和丘陵地带等，宫城县和福岛县还将其选为县树。

　　原来在武藏野有很多光叶榉树，现在在神社和寺院的院内以及农家房屋周围种植的树林里依然能见到巨大的光叶榉树。此外，很多街道的两侧也种植了光叶榉树。光叶榉树作为街道的一部分在炎炎夏日为路人提供了树荫和凉爽，但光叶榉树的存在也妨碍了道路的扩张，因而有些树惨遭砍伐。不仅如此，树木还遭受了很多不胜枚举的灾难。日本人民是热爱大自然的国民这一说法，大概已成为历史了吧。

　　在美利坚合众国东部，与光叶榉树同科不同属的"榆科榆属"的树木一直以来被广泛应用于行道树，近几年这种树因感染了一种名叫荷兰病的病毒而导致树木

初冬的光叶榉行道树（与前图拍摄于同一位置）

大量枯死，数量骤减。而光叶榉树却由于对荷兰病的抗病性强，引起了人们的关注。

冬季，光叶榉的树叶全部落尽，而樟树的树冠却依然郁郁葱葱枝繁叶茂。这在一片绿色的夏季虽难以察觉，但是光叶榉这类落叶树的存在和微妙的季节变化，却给冬季至早春校园内的散步增添了很多乐趣。在校园内散步时，常绿树和落叶树混杂的校园植被，不仅标识出了东京大学所处的位置，甚至也象征了东大的存在吧。之所以这么说，是因为原本温带的特点就是冬季落叶的落叶树林较为发达，而照叶林这种特殊的常绿树林只在东亚才有分布。属于落叶树的光叶榉树和银杏树以及属于常绿树的樟树被选为校园的主要树种，应该是经过相当慎重的甄选后作出的决定吧。

校内巨大的光叶榉树，树高25米，树干直径将近1米。其种植的时间是关东大地震发生后至昭和初期（1923~1934），树龄大概七八十年。光叶榉树中有很多树龄超过百年的巨树，希望校园里的光叶榉树能够存活更长的时间。但是，一部分光叶榉树大概因受到残忍剪枝的影响，树木长势渐趋衰弱，令人非常担忧。

在校舍建筑面积增加及楼房高层化发展的校园，如何与树木共存这个问题，不仅是东大所面临的课题，也是巨大都市东京所面临的课题。在这一意义上，校园树木园也可以说是研究都市与植树这一课题的极其重要的实验场。

（大场）

小柴教授种植的树——楷树

安田讲堂东侧庭园一角有一棵楷树，这棵树是为纪念名誉教授小柴昌俊荣获诺贝尔奖而种的。

楷树是中国孔庙必种之树，因此被称为象征学问之树。楷树属漆树科，学名Pistacia chinensis。正如属名所述，楷树与坚果类的开心果（俗称阿月浑子树）属于同一种类的树。该树木质纹理细密，在中国被用于制作家具和器具等。

楷树的同类有九种,分布于地中海地区、亚洲以及新大陆。其中,乳香黄连木(Pistacia lentiscus,用于制作香料)、笃耨香树(Pistacia terebinthus,松节油是绘制油画时不可缺少的调料)以及产坚果的阿月浑子树(Pistacia vera)是非常重要的资源,这在欧洲古文献里亦有记载。

楷树从阿富汗至中国以及菲律宾均有分布。属落叶性树木,可长成树高超过20米的巨树。叶片复叶,由10~12个椭圆形小叶构成,小叶对生,呈羽状左右排列。雌雄异花,成熟后结球形核果,直径约5毫米。

纪念树——楷树

在中国,这种树的标准名称一般为黄连树,而不称其为楷树。大概因其含松节油并木材为黄色,与中药植物黄连(含有黄色的黄连素)同样具有药用价值,所以才取名为黄连树。日本大多称其为透奈利巴哈哉木(Toneribahazenoki)或烂心木(Ranshinboku)。

楷树在东大种植的地点背光时间长,这种环境不利于楷树的生长。之所以特意选择这一场所,大概是小柴教授希望它能不向恶劣环境低头,努力成长为一棵参天大树的原因吧。即便需要花费很长时间,但还是希望它能茁壮成长为象征本校的一棵参天大树。

(大场)

大学与战争
——风化的记忆

东京大学的学生和教职员工以及毕业生中究竟有多少阵亡者,其确切数据至今未能调查清楚。1995年以战败50周年为契机进行的"学生出征动员·学生出征调查"的成果,被大学史史料室收入《东京大学学生出征动员·学生出征》(东京大学出版会,1997年)一书。其目的只是为了把学生中途辍学被动员奔赴战场这一不正常的事态告诉给后人。

1943年秋所谓的"学生出征"之前,东大也有很多阵亡者。至迟也是在日俄战争之后,1907年3月1日,帝国大学令公布纪念仪式上公布了"东京帝国大学出身忠死者"遗像(《学士会月报》同年5月20日发行)。这些人没有被称为"阵亡者",而被称为"忠死者"。其中,学士13名、学生及毕业生15名,共计28名。留给每位遗属的肖像照片由著名摄影家小川一真翻拍,遗像放入建筑学科教授冢本靖设计的相框中。其中自然也包括被雕刻成铜像的市川纪元二的遗像。

在公布遗像时,滨尾新校长发表讲话说:"忠死者的英名伟绩必将载入青史永垂不朽,其精神将传给后人永不磨没,其肖像将永久置于馆内供后人敬仰",承诺相框将永久悬挂在图书馆内(同上《学士会月报》)。

"东京帝国大学出身忠死者肖像",《学士会月报》第231号(明治40年5月20日发行)

《帝国大学新闻》（昭和18年5月24日 ）

　　但是，20年未到，图书馆就因大地震而被毁坏。图书馆馆员从火海中拼死抢救出日本天皇和皇后御照之事，曾被一时传为佳话，但是"忠死者"们肖像的下落却就此杳无音讯（《东京帝国大学五十年史》东京帝国大学，1932年 ）。

　　1941年，日美开战前夕，在重建的图书馆内设置了阵亡者纪念室，10月10日举行了首次追悼仪式。祭奠了学生与大学职员共计18名"阵亡者"的亡灵。两年后，于1943年10月20日举办的第二次追悼会上新增了21名"阵亡者"，战败第二年，即1946年3月30日在安田讲堂举办了第三次追悼会（《帝国大学新闻》1941年10月13日刊、1943年10月25日刊，《大学新闻》1946年4月1日刊）。当时的死者人数为142名，远远低于近年来日趋明朗的阵亡人数。当时在安田讲堂举办的追悼仪式上，播放的是肖邦的送葬曲。

　　与这段历史相比，现在的大学对阵亡者的态度略微有些冷淡，甚或是试图忘记那些阵亡者们。战败后，虽然可能存在着犹如鞭打死者般的有意识的出于政治目的上的忘却，但是现在，随着知情者的陆续离世，有关这段历史的记忆正在逐渐被风化。

位于正门前的东京大学阵亡校友之碑（摄影：笔者）

　　正门前和弥生门前的两块纪念碑非常有力地说明了这一现状。分别刻着"东京大学阵亡校友之碑"（2000年）和"东京大学医学部阵亡校友之碑"（2001年）的这两块纪念碑，都是由医学部有关人士在被提供的私有土地上修建的。后者曾向学校提出建在校内的申请，但未获批准，于是写下了"作为阵亡者的校友未能亲眼见到纪念碑的落成就即将离世"这段文字，以表达其悲痛的心情。

　　两块纪念碑的选址尽可能地靠近大学，最后被建在距大学仅一步之遥的地方，也就是说临进校门却被吃了闭门羹。

（木下）

赤门番所 (警卫室) 呈中央凸起两端凹陷的唐破风屋脊、在赤门左右各设置一处番所，这些待遇当时只有10万石以上的国持大名才可以享有。赤门的结构样式在当时属于最高规格。番所内部是校内唯一仅存的 "江户时代的空间"。遗憾的是不能入内参观。(摄影：岸田省吾)

三四郎池・御殿下

御殿下纪念馆入口

三四郎池
——育德园心字池

　　三四郎池早在夏目漱石写《三四郎》之前就已经存在了，只是名字不同。当时是加贺藩邸庭园和育德园的池塘，又被称为心字池。池塘形状酷似"心"字，这一形状到今天也基本没有改变。从文学部到心字池，需要下几级石阶。无论什么时候造访，这里都静悄悄的，见不到人影。

　　夏目漱石在小说里只称心字池为"池"。这里不单纯是农村青年三四郎和都市女性美弥子会面的场所，更应该说是表达三四郎孤独情感的第一个重要舞台。

　　三四郎漫无边际地做着从此将去东京，然后进入大学，能够与著名的学者接触，与趣味品格兼具的学生交往，在图书馆做研究，撰写著作，博得世人的赞赏，让母亲为其自豪等种种对未来的设想，离开家乡来到东京。没想到

明治40年左右的东京帝国大学　工科大学　　　　　　　　理科大学动物学及地质学专业

却被封闭在正处于动荡中的东京市中心,因此独自一人闷闷不乐。东京的生活太过激烈,这使三四郎不得不认识到自己迄今为止的生活甚至连现实世界的皮毛都不曾触及。

三四郎的孤独,因遵照母亲的嘱咐到大学拜访同乡野野宫宗八,而进一步加深。那是因为,虽然学校放暑假,但野野宫却躲在不见光线的地下室做着有关光线压力的实验。三四郎由此产生,野野宫也许终生都没有想要与现实世界相接触的想法。

离开那里,外边世界依然在激烈地发展。三四郎走进学校的丛树林里,蹲坐在池塘边,顿时感到非常寂寞,那种寂寞的感觉就像是钻进了野野宫君的地窖,孤身一人坐在那里似的。

池塘很静,听不到电车的声音。本应在赤门前通过的电车,据说因遭到大学的抗议,而绕路从小石川驶过。甚至连电车都被阻止通过的大学,只会使其更加与社会脱节。

但是,转念又想起现实世界似乎是自己需要的,一抬眼忽然发现美弥子出现在自己面前。

不久,这个池塘开始被称为"三四郎池",大概是因为这种叫法非常恰当地体现了大学与社会分属不同世界这一象征意义的原因吧。之后,对其坚信不疑的时代持续了很长一段时间。

《三四郎》这部小说,从1908年9月至12月,分117回在《朝日新闻》上

法·文科大学　　　　　　　　　　　　　　图书馆(摘自《东京大学的百年1877~1977》)

连载。那是在日俄战争结束后第二年的秋天，小说舞台的设定以大学和租住的公寓为中心，范围不大。书中相当准确地描述了大学当时的样子，从中可看到因关东大地震而失去的本乡校园。

例如，野野宫站在三四郎池上方坡路的山冈上，这样评价从树木间看到的红色建筑。

"景色很美吧？那座建筑只稍微露出一个角。从树木的缝隙里。怎么样，漂亮吧？你注意到了吗？那座建筑修建的非常漂亮。工科的也很漂亮，但是这个更漂亮。"

然后，手指左边的建筑说"这是御殿"，即现在的山上会馆所在地。

小说里有这样一段情节，学校终于开学了，三四郎站在正门眺望校舍。正面只能看到理科大学二楼的一部分，理科大学的那边是上野郁郁葱葱的森林。银杏行道树的右面是法文科大学，左面是博物专业（正确地说是博物学、动物学、地质学专业），两栋建筑都是在细长的屋顶上修建了突出的三角形屋顶。从池塘可看到这座建筑的后身。

法文科大学的右边是图书馆，左边一直往里可看到工科大学，工科大学

夏天的三四郎池（育德园心字池）

三四郎池的雪景（摄影：笔者）

就仿佛是一座西方城堡，建筑物和窗户均为四角形，给人的感觉就像是一个矮个子相扑力士。现在留存下来的一张照片如实地反映了当时三四郎所看到的一切。

"学问之府就应该是这个样子。只有这样才能出研究成果。实在是太伟大了！"三四郎暗自钦佩地走进教室，但是却与前一天相同，等了很久也没见到老师和学生的身影。气愤的三四郎绕着池塘走了两圈，又回到租住的公寓。

据说在驹场校区有座"一二郎池"。池塘名字的谐音不大吉利，传说看到"一二郎池"就会考试落榜，因此也有人犯忌讳而称其为"美弥子池"。

（木下）

育德园也是植物园
——校园里的绿洲

本乡校园有一处与上野公园西侧相连的绿地，校园内树木众多，郁郁葱葱的树木似乎将建筑物都遮住了。校园里人工种植的树木很多，但也有相当一部分树是自然生长的,如椎树、构树、糙叶树等。除行道树以外,其他大部分树木通常都不修剪下枝,任其自由生长。

其中,育德园(三四郎池周边)和怀德馆被浓密的绿意所包围,很难令人相信这里竟然是东京市中心。无论任何人都可以在绿荫下度过短暂的休闲时光,这种环境正是与大学校园所相称的。不仅如此,育德园还是校园树木园的核心,在这里可以看到各种各样种类繁多的树木。

育德园规模虽小,但称之为森林也绝不为过。那里不只是单纯的树木集合体,包括地表在内,各种植物按照光照需求的不同呈立体性空间分布。其中,有些树种在校园创建之前就已经生长在那里。在留鸟较少的校园里,有很多小鸟在迁徙途中前来歇脚。鸟儿婉转的鸣叫不仅令人大饱耳福,而且还提醒人们去重新认识那日常几乎被我们忽略的自然和四季的存在。除了花草树木以外,这里还是一处可以直接接触土地、感知大地气息的宝贵的绿地。

东京的夏季呈热带性气候,在强烈的光照下,植物的生长极其旺盛。树木的生长态势令人瞠目结舌,但草类的生长也非常迅速。为了使育德园保持犹如自然绿地般的状态,每年都需要花费相当多的时间和劳力去打理,绝对不可以对其放任不管。初夏到秋天这段时间尤其需要不间断地割草,有时还需要适当地补种。这些对育德园景观的维持都需要庞大的经费支出。因此,每逢看到有人随意在这么来之不易的绿荫和池塘里扔垃圾,我都会感到非常痛心。

一座堪称活的树木博物馆的树木园,所必备的条件之一就是要拥有各种不同种类的树木。在育德园,可以找到近百种不同种类的树木。

在落叶的季节,边寻找奇形怪状的落叶边散步,您认为这个提议怎么样?虽然懂得有关树木的知识,但是实际真正懂得树木的差异并区分它们并不是一件容易的事。拥有近百种不同树种的育德园,为我们提供了一个很好的练习区分树木的训练场所。

三四郎池(心字池)周围的树木,除常绿树之外还混杂了一些落叶树。落叶树在热带性气候的夏季枝叶繁茂郁郁葱葱,而在温带气候下的冬季则树叶落尽仅剩光秃秃的枝干,从而衍生出与校园气氛相一致的景观。

三四郎池和周边的绿荫

　　从冬季到春季，再到初夏，光叶榉树和日本七叶树等落叶树非常引人注目。冬季树叶落尽后光秃秃的树枝，令人联想到从树木发芽，到长出新叶的季节。任何人都可以在此暂时离开现实，让思绪在过去和未来驰骋，这一环境正是与大学校园所相称的。

　　新叶展开的校园呈现出斑斓的色彩。晚春至初夏，校园各处被椎树和栗树花等散发的独特气味所笼罩，向人们宣告着夏天的到来。所有的树叶绿意渐浓，校园逐渐化为一片绿色的海洋。夏季校园里花不多，数种蝉的鸣叫声为整个夏季奏响了欢乐的重奏曲。

　　春季向人们展现了发芽之美的日本七叶树，从9月份开始落叶。到了秋季，很多落叶树的叶子开始变红。对于很少有机会能知道四季变化的校园居民来说，育德园是一处告知人们四季变迁的绝好的场所。

　　从较新的文学部3号馆前眺望育德园的树木，景色绝佳。如果有时间，希望您一定要仔细观察树木的布局和树枝的生长状况。从中您可以看出树枝和树枝上的树叶为争夺光照而进行的激烈竞争。您可以有意识地移动任一树枝的位置来验证这点。当树枝的位置被移动后，树枝相互之间就失去了平衡，如果不改变树枝和树叶的位置就无法重新取得平衡。经常能遇到画树木写生的人，看其写生是否准确，只要反复观察就可以做出判断。我认为育德园也是一处培养人观察大自然的眼力的场所。

在校园内小路上散步也是一种乐趣。有时会碰到在东京极其罕见的腐生兰——幽灵兰花（Oninoyagara，学名天麻）等草本植物。这里还生长着各种菌类，但是自然也并不总是呈现给人们好的一面。夏季，有时会遭到豹脚蚊的袭击。但有时也会遇到相当多的小昆虫，偶尔与这些作为育德园多样性一员而存在的昆虫们邂逅，也不失为一个宝贵的经历。

大学的教育研究随时代的发展而变化，这种变化导致的高度化和多样化只能加速度前进，而我们却无法阻止其前进的脚步，随之而来的就出现了对新研究设施的需求。在有限的校园空间内，若想满足这一需求，就只能在空地上修建校舍或是使原有建筑高层化。不用说太平洋战争以前，就是在1970年代以前，校园绿地面积也远远多于现在。本乡校园现在虽然已没有可供修建新校舍的空地，但是各个建筑物之间密布的成排树林，以及育德园和怀德馆绿色植物丰富的庭园，使整个校园看起来就像是东京市内一处茂密葱郁的绿洲。

育德园不仅是一个历史悠久的重要庭园，它还是东京大学的象征。时至今日，依然能以良好的状态保存在校园中心位置这点上，可以看出身为大学人所做出的明智之举。对于在校园里学习和工作的人们来说，育德园既是一处无比珍贵的休憩场所，也是一个重要的大学绿洲。在这里休憩，你会明白树木绝不是建筑物的附属品这一道理。众多林立的树木和树下的花草，会令你感受到浓厚的大自然气息。

在建筑物过度密集的东京，绿地范围大幅度地减少。育德园绿地、上野公园和小石川植物园绿地，三者均为皇宫北侧重要的绿地。因为有了这块绿地，小鸟们才勉强得以顺利迁徙。育德园不仅是东京大学的象征和东大的绿洲，它在历史上以及保全生物的多样性上也发挥了重要的作用，希望人们不要做出那种导致这块绿地消失的愚蠢的行为。人们往往在失去了以后才意识到其存在的伟大意义，却为时已晚。

育德园是东京大学的精髓所在，我个人认为其本身还映射出了东京大学的哲学思想。

（大场）

珍贵树木——流苏树

三四郎池北侧，即法文2号馆和安田讲堂一侧，生长着诸如山桐子之类的特殊树木，这些特殊树木就包括流苏树，这在东京都内都很罕见。

流苏树与柊树、丹桂、暴马丁香等同属木樨科乔木。日本中部地区只有一些特定的场所（长野县、歧阜县、爱知县的一部分）和长崎县对马岛有自然生长的流苏树。流苏树虽可长成高大的树木，但平时却不大显眼。只有在5月份枝头开满白色的花朵时才格外引人注目。其学名为chionanthus retusa，希腊语的意思是白色的花朵。

流苏树（摄影：东大出版会编辑部）

东大植物病理学教授白井光太郎，是一位优秀的草本植物学家。据他的讲述，江户时代青山六堂辻有一棵流苏树，因当时不知道树的名字遂称之为楠伽梦伽（Nanjamonja）。当时其所在的位置就是今天的明治神宫。

江户时代后半期，伊藤圭介和他的老师水谷丰文（助六）在日本发现了野生的流苏树，流苏树的日本名由丰文所起。伊藤圭介跟随西博尔德学习植物学，在东大创立时，与他的老师水谷丰文一起被聘为编外教授。流苏树因产地有限所以一般很少见到，校园里的流苏树大概也是人工种植的。流苏树的日本名是"Hitotsubatago"，"tago"是桦树的别名。桦树结果多、树叶为羽状复叶，与其相比这种树是单叶，故起名为一叶桦（Hitotsubatago）。

（大场）

地下世界
——加贺藩上宅邸遗址和弥生土器

让我们将目光投向脚下，看脚下的世界。

图书馆前和安田讲堂旁，现在只保留有一小部分用方块石铺成的路面。以前校园内曾铺设了很多这种路面，爆发学生运动时这种路面还成了学生们利用的"武器"。大学当局唯恐再现当初的情景，所以改铺了单调的柏油路，但改铺后的路面与以前的格调简直有天壤之别。

相反，校园内随处可见的下水井盖，却有很多都是以前的旧物。现在还能找到很多刻有"帝国大学"字样的井盖。下水井的井盖，曾有设想用作盾牌使用，但这似乎有些过于沉重。

遗憾的是，本书的作者未被赋予揭开井盖向大家介绍东京大学地下世界的使命。东大很多建筑都有地下室，地下室里进行着各种对外行来说全然不懂的研究，像《三四郎》中描写的"躲在地窖里历经半年有余进行光线压力试验的野野宫君那样的人"，现在也肯定依然存在，为了不打扰他们的"地窖生活"，请恕我不能为大家介绍这些地方。

下面，让我们把地面剥开，看看东大地下埋藏的世界。本乡校园自1983年起，每逢修建新校舍都会开展有关埋藏文物的考古工作。1990年设置了埋藏文物调查室，积累了大量有关地下世界的资料。考古学的成果通常是年代越久就越有价值，但是近几年，东大开始重视所有地层的考古价值。不仅是先史时代、古代和中世，还力图从近世和近代地层发掘出有价值的文物资料。

于是，从最浅的地层里发掘出了东京大学的前史、即加贺藩上宅邸的遗址和遗物。最初的正式发掘是从御殿下运动场开始的。

这一地区原是马场，因东京大学创立以后一直被作为运动场使用所以才没有被破坏。在发掘地下时发现了保存完好的"梅御殿"遗址。"梅御殿"于1802年由第12代藩主前田齐广为第10代藩主夫人寿光院修建，这一建筑前后存在了约20年。"梅御殿"用地面积约1万平方米，仅仅是一处隐居宅邸面积就如此宽广，可想而知整个上宅邸是如何的雄伟宏大。据考证江

御殿下运动场下发现的梅御殿遗址（摄影：古迹调查室）

户上宅邸的面积超过了金泽城的面积。

上宅邸正门位于现在的理学部2号馆一带，然后依次是举行各种礼仪和处理政务的表御殿，日常起居的里向御殿，第13代藩主前田齐泰为迎娶第11代将军之女溶姬作正室而修建的"御守殿"（当时为迎接溶姬乘坐的轿辇而修建了赤门），上宅邸面积宽广，囊括了整个理学部2号馆、医学部、药学部、经济学部、教育学部以及图书馆。

上宅邸的周围环绕着人数超过2 000的家臣们居住的长屋群，而且其东侧还与加贺藩的支藩富士藩和大圣寺藩的上宅邸相邻。两藩的宅邸遗址大致位于现在的附属医院所在地。1998年，在医学图书馆和御殿下运动场之间，修建了刻有"大圣寺藩江户上宅邸址之碑"的纪念碑。进入龙冈门，那一带至今还保留着东御长屋的石墙和水井，石墙上还挖有下水道排水口。出了龙冈门左转，沿着大学向前走就到了无缘坡。这里也保留有大圣寺藩的石墙。

在发掘前田家上宅邸时，发现了很多随处可见的地下室，这些地下室是前田家祖传的宅邸地图上所没有的。有报告显示当时至少发现了104处地下室（成濑晃司《江户藩邸的地下空间》，宫崎胜美·吉田伸之编《武士宅邸　空间和社会》山川出版社，1994年）。溶姬的御殿遗址下也发现了地下室，据推断该地下室为食物储藏设施。

在医学部教育研究楼下面，发现了受前田家大力庇护的能乐舞台的遗址。此外，从附属医院中央诊疗楼的地下，还出土了大量的原色木制方盘、筷子、土器以及木简等，据考证这些器皿均为1629年第3代将军德川家光和大御所秀忠（注：幕府第2代将军，德川秀忠，将将军之位传给儿子德川家光后自称"大御所"。）驾临前田家时所用之物。据说盛大宴席上使用的器皿使用后都要马上处理掉。整个江户时期，幕府将军曾三次驾临前田家。明治维新后，天皇也曾亲自"驾临"前田家宅邸。

2000年在综合研究博物馆举办的"再访加贺殿——东京大学本乡校园古迹"展上展出了这些文物。向图鉴投稿的某一研究者讲述了他对这些文物考古的期望。在梅御殿和溶姬御殿的遗址上均发现了厕所遗迹。"厕所遗迹汇聚了可以具体复原当时生活状态所必需的信息。通过分析覆土可了解当时的饮食结构，甚至还可以辨别使用者的性别"。"判明溶姬饮食生活的可能性很大，有关这方面的研究非常令人期待"（追川吉生《本乡邸的御殿空间》）。在现代如果试图做这种事，一定会被报警，这些从事发掘工作的研究者们，毫无疑问一定是野野宫先生的后裔。

穿过弥生门，沿着暗闇坡稍微向上走，到言问大街后右转，在道路拐弯处立着一块"弥生式土器发掘由来地"石碑。所有人从孩提时期都曾听说过绳文土器和弥生土器、绳文时代和弥生时代、绳文人和弥生人。这些说法给人造成一种似乎两者呈对等关系的错觉，但是从命名方式来说，两者完全不存在对等关系。"绳文"表达的是其土器的形态，而"弥生"却源自其出土的地点——弥生町。

具有纪念意义的最早的"弥生土器"现被收藏于综合研究博物馆。其出土的过程是这样的。1884年，坪井正五郎和有坂铭藏在崖面上发现了

最早发现的弥生土器（东京大学藏）

壶型土器。之后, 蒔田仓次郎发现这种土器与贝塚土器不同, 于是冠以"弥生式土器"之名发表。不久, "弥生式土器时代"被称为"弥生式时代", 进而又被称为"弥生时代", 进入1970年代以后被固定称为"弥生土器"。

弥生土器最早的发现者坪井被聘为理科大学人类学专业首任教授, 奠定了日本人类学研究的基础。而另一位发现者有坡当时才16岁, 后升入工科大学兵器制造学科, 毕业后留学法国, 在海军担任兵器制造大技师、兵工厂厂长等职务, 并兼任兵器制造学科教授, 走上了与考古学完全无关的道路。

（木下）

加贺藩邸溶姬御殿的地下室 据推断为食物储藏设施（经济学部南）（经济学部藏）

弥生式土器名称由来地之碑（摄影：笔者）

根植于御殿下运动场的体育运动传统

理学部化学馆对面有一个乍看似是砖造的建筑, 该建筑有三个连续的拱形门, 是芦原义信为纪念大学创立100周年而设计修建的御殿下纪念馆入口。该建筑系第二次世界大战前旧地下设施改造而成, 于平成元年（1989年）完工。第二次世界大战前那里曾设有理发店等, 穿过拱门走到里面, 是一个跟砖造式外观全然不同的, 粘贴了鲜艳色彩瓷砖的亮丽的商店街。地下设有体育馆和游泳池等, 透过玻璃可以清楚地看到里面。这里便是校园内体育运动的一大基地。

御殿下纪念馆入口（摄影：笔者）

入口周围看似砖造的部分，实际上是由混凝土制造的，其竣工时间是昭和8年（1933年）。除大概因风化而棱角部分开始变圆的柱头以外，窗户边缘、房檐均使用的是修建工科大学本馆时所用的材料，因此从它们的身上可以看出明治时代校舍的影子。工科大学本馆于明治21年（1888年）竣工。

建筑物名称里包含的"御殿"两字来源于那一阶段的历史。"御殿"原指大学校部所在的日本式建筑，原位于现在的山上会馆附近。运动场因位于其山脚下，故起名为"御殿下运动场"，纪念馆也被相应地取名为"御殿下纪念馆"。

运动场所在地，在加贺藩邸时代曾是马场。对武士们来说，这里是锻炼身心的场所，是一种运动的空间。这块宽阔平坦的土地，历经长久的岁月，一直作为运动的场所而持续至今。

御殿下运动场（明治33年左右，摄影：小川一真）

明治政府聘请的外国人教师为日本近代体育运动的普及做出了贡献。教师向学生传授体育运动知识，举办体育比赛，给学生颁发奖品，其他日本人看到这些后也开始对体育运动产生兴趣。

御殿下运动场被称为日本"运动会"的发祥地。即，现在每到春秋季节，在全国各个学校和单位举办的那种"运动会"。

从明治10年代起，大学预备门的英国人教师开始在一桥等地举办田径运动会，东大搬迁到本乡以后，明治21年（1888年）召开了后来的大正天皇也曾出席过的类似"秋季运动会"的那种体育竞技比赛。当时的运动会也跟现在一样，邀请来宾参加，准备奖品，而且还有附加节目等，之后"运动会"开始在全国普及。

虽未获得正式承认，但日本首个"世界纪录"——明治38年（1905年）由法科毕业生藤井实创造的撑竿跳纪录就是在这个运动场诞生的。后来，与近代体育运动有关的各种"日本首次"纪录也都产生于此。

明治30年代拍摄的御殿下运动场照片上，头戴硬壳平顶草帽，身穿和服裙子，脚踩日本木屐的学生正在兴致勃勃地打网球。至今仍向人们展示着加贺藩邸马场风景的运动场，迎来了大学乃至日本近代体育运动的黎明期。

（岸田）

"理科大学"的记忆
——理学部化学馆的古典主义

开往"东大校内"的都巴士，终点站都是"二食堂前交通岛"。下了巴士，迎面是一座古色古香的略带橙黄色镶砖墙面的建筑。这是于大正4年（1915年）竣工的理学部化学馆，馆内至今为止一直从事着化学教育和研究工作。作为目前仍在使用的校舍，它是校内唯一一处真正的震灾前建筑。

负责设计的山口孝吉工作态度非常认真，据说他专门选择太阳光线斜射外壁的时候去检查完工质量，因为只有在这时才能明显地看出镶砖墙面的凹凸情况。

理学部化学馆正面（摄影：笔者）

理科大学本馆（明治30年代）位于现在的理学部1号馆所在地。（摄影：小川一真）

这座建筑物包括每个细节部分都制作得非常精心。镶砖墙面无比精确，石头切割线呈直角。从中不难理解工匠们为什么总是被山口弄得很为难。

建筑物的外观被设计成安妮女王式古典主义风格。化学馆建成时，在它的北侧曾建有理科大学本馆（山口半六，明治21年，即1888年）。理科大学本馆是一座有着古典主义设计风格的雄伟的建筑，与同时期哥特式风格的法文和工科校舍相比，显得格外与众不同。很明显，化学馆的设计融入了理科大学本馆的设计理念。

大正初期，东大仍沿用了大学创建以来的管理机制。各分科大学（学部）独立性强，建筑物的设计也都保持各自的喜好。

在当时的大学校舍中，从关东大地震中幸存下来的建筑，除了这座钢筋混凝土建筑之外，就只有稍后建成的工学部2号馆。

之后，东大在以创办综合性大学为目标的同时，将校舍统一设计为贴纹理墙面砖的内田哥特式建筑。化学馆作为校内唯一仅存的古典主义风格设计的建筑，它的身上保留了震前分科制大学时代的记忆，堪称东大历史发展的活见证。

化学馆的正面面向医院路十字路口，建筑物的走向沿两条道路延伸，布局独特。

明治末期，校园内建筑物密布，无法再像大学创办初期那样修建屹立于广阔空地上的宫殿般建筑。校园建设逐步进入"都市建筑"时代，即将建筑物正面沿道路连续排列，最终作为建筑群形成街道的墙面。化学馆的设计秉承了这一发展潮流，是校园结构革新的先驱者。

建筑物的后身，有一个似乎被废弃了的中庭。以前这里应该是被理科大学本馆和化学馆围绕的美丽的内庭。现在，这里却被战后修建的巨大的新馆所占据，仅能从面向远方的戴沃斯（Edward Divers）的铜像上勉强看到当初的一丝景象。

（岸田）

日本传统风格的建筑
——七德堂和弓道馆

除木结构的怀德馆以外，瓦顶和风建筑均位于三四郎池周边的绿地之中。其中，弓道馆（昭和10年，即1935年）位于图书馆对面，而被通称为七德堂（昭和13年，即1938年）的柔道和剑术馆则位于医学部本馆后面。

弓道馆是练习日本和弓的场所，经过弓道馆时，里面经常传出"ata~ri~（射中了）"等颇具古风的声音。弓道馆正式名称是"弓术的场"，但是整齐排列的稻草捆制的靶子，令人觉得"的场"（日文"的场"的读音为"matoba"，意为靶场）这一名字更加与之相称。

七德堂里，学生们正在汗流浃背地努力训练。排列着粗大圆柱的室内铺着榻榻

竣工时的弓道馆（综合研究博物馆藏）

竣工时的七德堂　前庭没有种植多余的灌木丛（摄影：鸟畑英太郎）

米，柱与柱之间的横木上挂着写有"七德"的巨大匾额。七德堂这一馆名据说取自四书五经之一《春秋左氏传》中的"武有七德"，意为武术的七个美德。

从正面向左转，面向运动场方向有一个明亮的阳台。这里与肃穆的七德堂正面形成了鲜明的对比，到了下午晾晒的柔道服在夕阳的照射下随风飘扬。从侧面入口进入馆内，你会发现这里除了更衣室，还有浴池、淋浴等设施，仿佛就是一个小型的"体育馆"。

建筑物修建的也非常考究。弓道馆的内部装修使用了黑亮的实木板材，而七德堂则为练习柔道在地板上安装了可以缓冲吸收撞击力度的装置。瞪视着四周的兽头瓦也是特意定做烧制而成。虽说是为了"帝大学生"而修建的，但如此奢侈的和风武道场也许反映了当时即将面临战争的社会状况。

这些建筑内外装修虽都是日式风格，但建筑物却是钢筋混凝土构造。设计者内田祥三毫不犹豫地使用混凝土修建了瓦顶。这一设计出自内田的一贯主张，即木结构建筑与混凝土建筑一样，都有着相同的墙壁构造和梁柱构造，用混凝土来修建一点都不奇怪。

暂不论其观点正确与否，七德堂雄浑的建筑，充分表达了内田注重"大体庄重的建筑，不太在意小巧工艺"的设计风格。从正面看房檐的曲线非常绝妙，据说当时使用的是设计船舶用的规尺，凭借大致的"感觉"做出的决定。其眼力之准，着实令人惊叹。

说起来，将弓道馆和武道场设在三四郎池周边的绿荫里这一决定本身，也是一个非常正确的判断。内田将这片区域精准地定位为"和风"的领域范围。

三四郎池的周围是江户时期的庭园遗构——"怀德园"。对于日本自古以来就有的柔道、剑术和弓道馆来说，再没有比这更适合的地点了，而且和风建筑只有与周围的树木成为一体才能真正称得上是和风建筑，内田在当时充分认识到了这点。

（岸田）

绿荫里遗留的"异形"建筑

校园内树木之间，散布着一些与其他众多校舍风格不同的建筑。这些都是明治、大正年间修建的和风建筑和砖造建筑。

和风建筑，即使是在校园初创期的明治时代，也只是被修建于教师馆等住宅和会议场所等极为有限的建筑。现在也仅限于武道场和迎宾馆等特殊的大学建筑。砖造建筑在震灾中遭到了严重的毁坏，即使是二战前的建筑，从技术上来说也必定是过去的遗留建筑。在内田哥特式和现代设计风格占统治地位的校园里，和风建筑和砖造建筑共同成为一种"异形"建筑。

这种建筑总是令人感觉非常恬静，在瓦顶深深的房檐下，形成了周边绿意与室内柔美结合的空间。用砖修葺的墙壁，随着岁月的流逝，为建筑物平添了一份历史的沧桑感，砖的红褐色在绿色树木的映衬下也显得分外美丽。从优先考虑大学设施的教育和研究功能这一角度来说，这些建筑虽然似乎处于半"退役"状态，但是它们被绿树所守护，并与绿树完美地融合在一起。

与之相比，山上会馆虽同样位于绿荫之中，但是给人的感觉却全然不同。山上会馆位于三四郎池的东侧，面向御殿下运动场修建，是座粘贴了茶褐色釉面墙砖的建筑。

关东大地震发生前，这里曾有一座被整个搬迁过来的江户时期的建筑，当时是学校开会的场所，被称为"山上御殿"或"山上会议所"。之所以称为

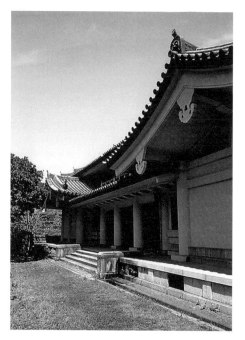

从御殿下运动场看到的山上会馆和育德园树木　七德堂房檐下和绿地（摄影：笔者）

"山上"，是因为这一建筑被修建在育德园假山的山顶上。

　　明治20年代，当初的"御殿"位置与假山"山顶"微妙地错开了一段距离。这大概是受日本传统建筑方法的影响，即只要不是山上的城堡或是依山而建的结构，就不会在山顶修建房屋。

　　"会议所"被冠上"山上"之名似乎是在昭和10年（1935年）前后。在那之前，在被大火烧毁的"御殿"遗址上修建了类似山中小屋风格的"会议所"，因"会议所"建在山顶，于是就干脆称为"山上会议所"。但是这个建筑也有它的可取之处，那就是建筑规模小，基本没有破坏连绵起伏的育德园景观。

　　现在的山上会馆，与御殿下纪念馆同为纪念大学创立100周年事业之一，于昭和61年（1986年）修建完成。学校原本想面向三四郎池修建一个具备国际会议室、住宿设施以及供教职员工使用的西餐厅等设施的宾馆，但是随着期望值的增加，建筑物本身也越修越大。

　　这一建筑，无论是从运动场一侧来看，还是从庭园一侧来看，都看不出像七德堂和弓道馆给人的那种与绿树相融合的感觉。巨大的建筑最终将假山压在身下,垂直向上的光滑的坚硬墙壁将温柔地伸展过来的树叶前端粗暴地顶回去。

从技术上来说,这座建筑的修建导入了新的建筑元素。将大块瓷砖镶嵌入混凝土墙壁使之与墙壁成为一体,同时利用工厂生产的预制混凝土薄板铺设地面,使之跨越柱子长长的间距从而形成地面的整体感。建筑物本身汇集了以有关人员为首的众多人的心血,这点毋庸置疑。

但与此同时,只是把假山作为地基的高低差来看待,将建筑物孤立于历史地貌和绿树广布的环境之外等观点也汇集在这座"现代"的技术精湛的建筑物身上。

和风和砖造建筑在校园内确实与其他建筑不同,看起来有些"异形"。然而,在校园绿荫环境下作为"异形"出现的,实际上却是我们平素看惯了的"现代"建筑。

（岸田）

贝尔兹与斯克里巴
——献给西洋医学的赞辞

明治时代曾多次尝试过修建带有背景部分的规模宏大的纪念碑,但是目前遗留下来的保存得如此完好的纪念碑却为数不多。那是因为被建在室外的大多数肖像雕刻,在战争时期一般被收缴熔化,失去铜像主人后,其背景部分大多惨遭拆毁。

这座肖像雕刻的另一个显著特点是,由两个人的纪念碑组成。除夫妇以外,并排摆放两个人肖像的情况并不多见。因此,不禁令人思考这两个人究竟是什么关系。

迎面左边的是埃尔温・贝尔兹（Erwin von Baelz, 1849~1913）。贝尔兹于1876年（明治9年）来到日本,先是在东京医学校教授生理学和药物学,1877年东京大学医学部创立后开始教授内科学。在专职日本教授产生之前,还承担妇产科的教学工作。1892年被授予医科大学名誉教师称号后,到1902年为止在东大又工作了10年。之后,留在日本,担任宫内省御医,

贝尔兹像（左）和斯克里巴像（右）

于1905年回国。从公开出版的贝尔兹日记中可清楚地了解他在日本度过的30年生涯（《贝尔兹日记》岩波文库）。

位于右边的铜像是尤利乌斯·斯克里巴（Julius Karl Scriba, 1848~1905）。他在贝尔兹之后来到日本，1881年至1901年，在东京大学医学部教授了20年外科学。有段时间他也曾教授眼科学和皮肤科学。斯克里巴对植物的造诣也很深厚，采集了些植物标本。退休后留在日本，担任筑地圣路加医院外科主任，不久在镰仓去世。斯克里巴的名字用日语拼写为"须栗场"。

也就是说，这对肖像雕刻既是对他们各自功绩的歌颂，同时也是对内科学和外科学所象征的西洋医学的赞辞。这组雕像原本被修建在距现在位置以南约60米处，半个世纪以来一直俯视着附属医院的内外科病室，1961年随着医学部综合中央馆的修建而被移建至此。

揭幕式于1907年（明治40年）4月4日举行。有文字记载了当时盛大的场面。

"今日万里晴空飘扬着无数大大小小的日德两国国旗，运动场上搭建了两处帐篷以充作仪式结束后举办宴会的场所，铜像被高达数丈的柱子上缠绕的帷幔所包裹，在医科大学正中的山冈上面东而立，可俯瞰到内外科医院。来宾等一同聚集在铜像前，铜像建设事务主任清水彦五郎宣布仪式开始，首先由委员长青山博士介绍滨尾校长，校长简短致辞后走到铜像前解开系在帷幔上的绳子，帷幔向四周同时落下，两尊铜像栩栩如生地出现在人们面前，众人一起报以热烈的掌声。（中略）青山博士走到台前用德语发表讲话。内容大意为两位博士是我医学界之恩人，他们为医学所作的贡献当受万人瞻仰敬慕。吾辈同人承蒙恩师的指导教诲，今日齐聚于此，为将两位博士的功绩永远传颂给后人并回报恩师，特在此举办铜像揭幕仪式，由衷地感到不胜欣喜等等。（后略）"（《东京医事新誌》1507号）。

铜像的雕刻家是长沼守敬（1857~1942）。长沼的成长过程有些特殊，他先是在意大利公使馆做翻译，1881年赴意大利以后，却跑到威尼斯皇家美术学校，至1887年回国之前一直在那里学习雕刻。1889年明治美术会创立时，他作为唯一一位雕刻家参会，这件事在当时也引起了轰动。后来，长沼被聘为东京美术学校教授。本乡校园里，除贝尔兹与斯克里巴的雕像外，长沼还雕刻了戴沃斯铜像。

（木下）

漫步路线六

工学部

工学部1号馆

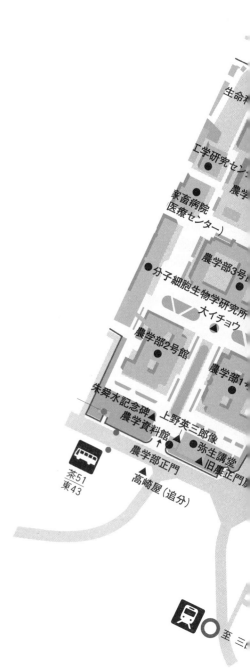

校园遥远的始祖

——工部大学校虎门校园与工科大学本馆的传统

　　校内首屈一指的大银杏树位于工学部1号馆前。1号馆的前身是原工科大学本馆（辰野金吾，明治21年，即1888年），本馆因震灾而毁坏后，在其废墟上修建了1号馆，这棵大银杏树原来就生长在本馆的中庭。

　　工科大学由原位于虎门的工部大学校与当时的东京大学工艺学部合并产生。工部大学校的虎门校址后来成为文部省用地，直至最近，会计检查院便门旁的树丛里还立着一块纪念碑。纪念碑是昭和14年（1939年）由毕业生们自愿集资修建的，砖造的台座上镶嵌着曾安装在大学校本馆楼顶

工部大学校虎门校园（明治10年左右）　左边是本馆，右边是带有小型钟楼的博物馆（生徒馆）。

的避雷针。最近，因再次开发文部省用地，这座纪念碑将被移至本乡校园正门北侧。

明治时代的东京大学，由拥有法文和理科的开成学校和东京医学校合并而成，后来又兼并了东京法学校和工部大学校等，成为所谓的联合大学。东大的各组成部分中，要数工部大学校的原有校园规模最大，且最为壮观。

虎门校址最吸引人眼球的就是本馆。本馆由法国建筑师波茵维尔（Charles Alfred Chastel de Boinville）设计，于明治10年（1877年）竣工。本馆的建筑特点是将两翼大幅伸出，整体上具有法国风格的古典主义设计之美。用医学部内科教授贝尔兹的话来说，该建筑拥有被评价为"东京市内最大讲堂"之称的四周明柱无墙的大厅。

传说由英国建筑师麦克韦恩（McVean）或安德森（Anderson）设计建造的原博物馆（生徒馆，明治7年，即1874年），与本馆完全不同，是一座哥特式砖造建筑，楼顶设有东京著名的钟楼。开成学校和医学校等校园，日西合璧的拟西洋建筑风格的本馆和本馆后面增建的木造房屋，构成了一种犹如"公馆"般的空间。与其相比，工部大学校虎门校园围绕雄伟的前庭修建了真正意义上的西洋馆建筑群，可谓日本最早的大学"校园"。

（建筑学科藏）

　　明治17年（1884年），建筑学科第一代教授康德尔发表了本乡校园整体规划，规划中围绕巨大的前庭修建建筑群的方法与工部大学校校园非常相似。而且，本乡校园在每栋校舍的建筑样式上也发生了与工部大学校相类似的事情，即理科和医科的古典主义与法科和工科的哥特复兴式之间的竞争。

　　出人意料的是继承了工部大学校（明治21年，即1888年）传统的工科大学本馆竟然是哥特式风格设计，这可能是设计者辰野金吾在向老师康德尔的东大规划方案和哥特式风格的法文校舍表达敬意的同时，还受他当年留学英国时所看到的大学校园建筑的影响吧。为巨大的四角形中庭设置了拱廊入口的工科本馆，不禁让人联想起与其样式相同的被称为四方院子的英国大学的校舍。

　　康德尔提议修建巨大前庭的规划方案对后来本乡校园的形成产生的巨大影响，以及两种不同体系建筑样式相互间的竞争等这些因素的存在，使人们在现今校园的身上不难发现隐约存在着的本乡校园遥远的始祖——工部大学校校园的影子。

　　令人遗憾的是，工科大学的本馆在正在实施加固工程时遇到了地震灾害。当时加固工程只差最后一步而未能赶在地震前完工。制定灾后重建计划的内田祥三，大概是为了留住曾经也是建筑学科校舍的有关本馆的记忆，

明治时代的工科大学本馆（建筑学科藏）

工学部1号馆正面（摄影：GA摄影工作室）

工学部1号馆　光庭被改造成建
筑学科的设计室。(摄影：·GA摄
影工作室)

工科大学本馆　从入口拱廊看中庭。(明治33年左右，摄影：小
川一真)

选择了些能够再利用的建筑材料，将之用于修建御殿下地下设施的入口。

工学部1号馆(昭和10年，即1935年)虽继承了工科本馆的传统，是工科本馆的后裔，但是它只设置了小型光庭，没有准备像原来本馆那样可供人们聚会的中庭。创造这一设计方案的内田，大概是不希望学生们只待在楼内，希望他们能够从楼内走出来，走到自己规划设计的广场上。

现在的1号馆，在平成8年(1996年)，按照香山寿夫的设计进行了全面翻修和增建。香山利用钢骨和玻璃将两个光庭重新改造为宽敞的房间，以室内"广场"的形式再现了原来辰野设计的中庭。这里不仅是建筑和土木专业学生生活的中心，同时也是举办学科毕业典礼的正式场所，正如以前的工科本馆中庭那样。

(岸田)

震灾后校园重建样式的诞生
——工学部陈列馆

本乡校园内有些古老建筑非常引人注目，这些建筑的外墙粘贴了浅咖啡色不光滑的纹理墙面砖。因大部分都是内田祥三在大正末期至昭和10年代中期设计的建筑，所以被称为"内田哥特式"或"内田学院哥特式"建筑。

　　校内现存的内田设计的作品中，年代最早的要数在大讲堂左侧修建的工学部2号馆。但这座建筑却并不是"内田哥特式"的原型。建筑外墙粘贴的是暗红色的墙面砖，门廊和房檐装饰的工艺也非常精致细腻。石材的种类也似乎与其他建筑不同。是一座为了使之看起来像是"哥特式风格"而精心修建的建筑。

　　最早的"内田哥特式"建筑大概是工学部陈列馆（大正14年，即1925年）。规模虽小，但是围绕光庭修建的具有口字形平面的箱型建筑，具备了一些在之后的建筑中被多次采用的设计元素，如设有连续拱门的门廊和带有仿石檐前装饰的柱型以及简单的四角形窗户等。四角形平面的四角必定采用入隅设计，从而形成富有立体感的建筑外形。

　　这种"内田哥特式"成为"震灾后校园重建样式"。这一时期的校舍被统一修建为主体是混凝土结构的地上三层、地下一层的简单的箱型建筑，面积大致为3 000坪（约1万平方米）。这些建筑以外部装饰为主体添加了哥特式细节修饰，内部仅维持原有框架，建筑样式非常简单朴素。外墙粘贴的

工学部陈列馆正面，门廊的照明设施由大野秀敏复原。（摄影：笔者）

纹理墙面砖表面形成的微妙晕渲效果，掩盖了色差和墙面的凹凸不平。在工程中尽量不使用自然石，而且还简化了房檐前面和柱子的装饰等方面的工艺。作为大学的校舍，既保留了哥特式氛围，又避免浪费，是在艰苦条件制约下采用的一种合理的建筑方式。

　　在震灾发生后重建校园的十七八年时间内，要想完成数量如此庞大的校园建设，就离不开内田的这种建筑样式。内田创造的这一建筑样式，不仅通过设计的细节部分和墙面砖的微妙差异赋予了每座建筑不同的个性，同

时也使创造一个统一的校园环境成为可能。

　　陈列馆现在是工学部的行政楼，但它原本被规划为"陈列"学术标本，即为展出标本而修建的一种博物馆。从正门入口就能一笔勾勒出整个馆内概况的结构充分说明了这一点。

　　与其他学部内设的"陈列室"不同，这座独立建造的"陈列馆"给人以奢侈的感觉，但实际上据说这是用工学部2号馆剩余的工程款修建的。在从国家拿补助金进行工程建设的今天，不知是否可以挪用工程款，但是内田当时肯定无论如何都非常想修建这一建筑。他认为大学里必须配备博物馆，而且还商讨了具体的配置方案。既然修建博物馆的愿望未能达成，那么震灾发生前就已规划的工学部陈列馆，在某种程度上也应该能稍微补偿一下那已化为幻影的博物馆。

　　但是，实际上这里却从未展出过"标本"。建筑物完工时，校园内正处于震灾后的混乱当中，随处都是临时校舍。直到后来综合研究博物馆的出现，才实现了内田的这一梦想，期间经历了长达60年左右的时间。

（岸田）

工部美术学校的遗产
——跟意大利教师学习绘画和雕刻

　　工学部建筑学科收藏有明治初期珍贵的美术教育资料，这些资料传入日本的经过是这样的。

　　1876年，明治政府在工部省设立了最早的国立美术学校。因此被称为工部美术学校。文部省下设的东京美术学校（现在的东京艺术大学）创立时间是1887年，建校时间是1889年，比工部美术学校开办的时间晚10多年。在东京大学之外又特设另一所工部大学校，说明当时对工学教育的重视，美术教育是工学教育的一环。

　　聘请外国人教师的目的是为了聘请三名画匠雕刻匠，向日本学生传授绘画艺术和房屋装饰艺术以及雕像艺术。这里所期待的美术教育，大多与建筑相关。人们认为西洋式建筑应该用同样西洋风格的绘画和雕刻来装饰，

拉古萨"欧洲妇人半身浮雕像"（东京大学大学院工学系研究科建筑学专业收藏，以下同）

因此就产生了对这方面技术人才的需求。这与后来的东京美术学校培养美术家的目标有着很大的不同。

三位教师从意大利来到日本，在当时工学教育的大部分都依存于英国工学教育的状况下，意大利的加入，不仅因为意大利是美术教育的发源地，还与当时的意大利公使费伯爵所起的巨大作用有关，这点已逐步得到证实。

明治政府聘请的三位意大利教师分别是画家冯特纳斯（Antonio Fontanesi）、雕刻家拉古萨（Vincenzo Ragusa）、建筑家卡佩莱蒂（Giovanni Vincenzo Cappelletti）。他们从意大利带来了诸如石膏像、书籍、美术以及建筑物的照片等大量教材。

他们在工部美术学校开展了完整的学术体系教育。学校由预科、绘画学、雕刻学三个学科组成，从1876年11月21日开始上课。校舍使用的是虎门正在建设中的工部大学校校内一所已有的建筑。因当时希望学习雕刻的人少，招生状况不佳，于是采取了免除学费的方法。这表明当时日本人对西洋雕刻的理解和需要的匮乏，特别值得一提的是当时还允许女子入学。

三位教师中，冯特纳斯是位著名的风景画家，他在日本开展了最早的西洋绘画教育。渴望学习西洋绘画艺术的年轻人从全国汇集而来，浅井忠、小山正太郎、五姓田芳柳、山本芳翠、松冈寿、曾山幸彦等代表后来美术界的画家们都是这所学校培养出来的。冯特纳斯深受学生们的爱戴，第二年，当他被学校以疾病为由解雇回国后，出于对继任教师法拉狄的不满，很多学生集体退学，而且还组成了"十一会"研究会。

工部美术学校于1882年底闭校，1883年1月停办。长达6年的美术教育虽然未能得到继续发展，但是教材和学生作品的一部分却流传下来，被保存在工部大学校和东京美术学校。之后，工部大学校变成工科大学，后来又

拉古萨 "椭圆框半身浮雕"

拉古萨 "凯勒"（Keller）

曾山幸彦 "弓术师范"

大熊氏广 "破牢"

被编入东京帝国大学。

也许是因为当时工部大学校将他们视为对建筑教育有益的资料保存下来的缘故,有关装饰建筑物的雕刻方面的资料非常丰富。另外,也可以说在建筑教育中编入了当初美术教育的一部分内容。直到最近,建筑学科的学生们还在用当初工部美术学校使用的石膏像来画素描。

在艰难地从事雕刻教育的拉古萨的培养下,大熊氏广以第一名的优秀成绩毕业。其毕业创作至今还被保存着。大熊毕业后进入工部省,为营造皇宫而进行了雕刻制作。1788年至1789年,大熊赴巴黎和罗马留学,学习了更加专业的西洋雕刻。可以说大熊是所有毕业生中最能以自己的实际行动和成果来回报工部美术学校教育的雕刻家。

大熊亲手创作了大量的纪念雕刻。现在的本乡校园里,还保存着曾在驹场农学校和农科大学任教的德国教师约翰尼斯·路德维格·詹森(Johannes Ludwig Janson)的肖像雕刻。

(木下)

本乡校园的动物

丰富的自然环境的含义是,不仅生长着各种植物,而且还生活着种类繁多的动物。在受人为环境影响巨大的都市,有限的几种归化植物繁茂地生长,与之相同,动物的生存在很大程度上也受人为环境的影响,从而出现了都市特有的动物。与植物不同的是,动物不仅好恶分明,而且实际上有很多种动物还会给人类带来伤害。动物的种类愈多,这种可能伤害人类的动物种类也就必然会增加,因此丰富的自然环境不一定总是呈现出适宜人类生活的好的一面。

鸟类是人们在所有动物中最经常看到的,其中大嘴乌鸦数量的绝对多数,被公认为是都市大学的一大特点。下面为大家介绍一下造访大学的各种鸟类。

雉鸠与习惯定居于上野公园和附近乡村的神社等地并已野生化的家鸽不同,它是日本野生动物,颈部黑色和青灰色鳞状花纹非常醒目。

白眼鸟通常两只成对生活，冬季吸食山茶花的花蜜。鹎鸟是在校园里经常能看到的一种鸟，它们来这里吸食花蜜。晚秋至早春这段时间，校内茂密的灌木丛里经常能看到黄莺的身影，有时还会看到都市里少有的蒿雀。

在南方越冬的候鸟中，可看到忙碌地上下颤动尾巴的北红尾鸲。池塘里有时还会看到野鸭类动物。

白脸山雀终年留居校园，鸟鸣的季节，在枝头发出"吱~啵~吱~啵~"尖锐的鸣叫声，非常引人注意。枝头上还可看到金翅雀的身影。

每到樱花盛开的季节，鹎鸟等喜好花蜜的鸟类就会飞聚而来。当你看到树下散落的不是花瓣，而是整朵花时，那就是鸟儿们为吸食花蜜而将花儿摘下造成的。初夏季节，甚至还会听到迁徙途中杜鹃鸟的啼叫声。

除鸟类之外，校园里还经常能看到各种昆虫。春季的白粉蝶（现在与它非常相似的黑纹粉蝶数量很多）、初夏的凤蝶、夏季光叶榉行道树下的青凤蝶等，这些飞舞的蝶类昆虫让人们感受到季节的变化。

梅雨结束后，校园里传来阵阵蝉鸣声，这在都市里现在已经很少能听到了。此外，校园里有些地方还会出现很多的蚊虫，这也是拥有丰富自然环境的校园所特有的景象。

（大场）

技术者们的铜像
—— 近代日本的建设者们

很遗憾，读者朋友们不能在良好的环境下欣赏位于工学部1号馆前的两尊铜像。

令人难以相信的是，1号馆的前庭竟然修建了一个预制装配式校舍，这个校舍将机械工学爱尔兰教师查尔斯·韦斯特（Charles West, 1847~1908）和建筑学英国教师约西亚·康德尔（Josiah Conder, 1852~1920）的铜像分隔在两边。希望读者们能充分发挥想象力，先将丑陋的预制装配式校舍从视线中抹去，然后再来观看这两尊铜像。

两尊铜像不是直接面对面站立，而是错开了90度角。尽管如此，两尊

查尔斯·韦斯特像

约西亚·康德尔像

铜像分列前庭的左右两侧，犹如一对守护神般镇守在那里。明治政府在由法学部、文学部、医学部、理学部构成的东京大学之外又另设了一所工部大学校，而且还聘请了很多外国人教师，由此可看出明治政府为发展工学教育而进行的大规模投资。明治时期的日本，当务之急需要发展和完备机械、铁道、船舶、道路、桥梁、建筑、港湾、武器、电信、电力等基础设施建设，因此也必须培养相关人才。

　　韦斯特和康德尔，分别是当时日本工学教育的两大支柱——机械工学和建筑学的领军人物。韦斯特就读于都柏林大学，毕业后在英国伯肯黑德钢铁厂工作了一段时间，有关造船的知识就是在这一时期获得的。1882年，韦斯特来到日本，讲授机械工学和造船学，直至在日本去世。台座上用英文雕刻着"同事、弟子及友人敬立"，周围装饰有制图器具、机械、蒸汽机、造船厂等浮雕。仿佛在静静地讲述韦斯特的伟大功绩。

　　铜像的雕刻家是沼田一雅（1873~1954），沼田跟随竹内久一学习后，曾作为海外窑业见习生赴法国，在塞夫勒陶瓷器制作所学习。工学部电气系图书室悬挂的物理学和电信学英国教师爱德华·埃尔顿（Edward Ayrton，

1847~1908）的肖像浮雕，也
是由沼田制作的。其细腻的
表现手法，与其他肖像雕刻相
比，别有风味。

　　另一座铜像的主人康德
尔，来日本之前就对日本文化
感兴趣，来到日本后又拜画家
河锅晓斋为师学习日本画（雅
号晓英），之后对日本是越加
喜爱，还出版了有关插花和日
本庭园的书。康德尔与明治政
府签订了5年的聘任合同，辰
野金吾、片山东熊、曾弥达藏
等人是他最早的学生。康德尔
当之无愧为建筑学之父，被尊
敬地称为"康德尔老师"。康
德尔陆续设计了明治时期的代

韦斯特像的台座（摄影：笔者，以下同）

康德尔像的台座

表性建筑，如上野博物馆（东京国立博物馆的前身）、鹿鸣馆（被拆毁后其楼
梯的一部分被保存在工学部建筑学科）、东京大学法文科校舍、尼古拉堂等。
1888年离开教学岗位后，康德尔继续留在日本并开设了一家建筑事务所，
设计了许多机关宿舍、公使馆、宅邸。他与三菱之间也有很深的合作关系，
除位于丸内的一系列办公楼外，还在汤岛设计建造了岩崎邸。这座建筑现
在已面向公众开放。

　　康德尔像的雕刻家是新海竹太郎，新海擅长雕刻全身像和骑马像。台
座是否由新海设计不得而知，但是跪倒在康德尔脚下的男女浮雕却是其他
地方所没有的。有种说法认为那是代表地震的意思。本乡校园里，除康德
尔像外，青山胤通的铜像也是新海雕刻的。

　　工部大学校，根据1886年颁布的帝国大学令，成为东京大学的一部分，
改名为工科大学校。但是，在1888年搬到本乡之前，一直使用的是位于虎

门的校舍。康德尔的爱徒辰野金吾承担了工科大学本馆的设计工作。工科大学本馆在1923年关东大地震中遭到严重破坏,康德尔的雕像是在那前一年修建的,而韦斯特的雕像可能建造得更早,虽然时间不长,但这两尊铜像还是曾经屹立在工科大学本馆之前。

现在的本乡校园,是关东大地震后修建的,校园占地比例如实地反映了工学部和医学部的规模。工学部占据了学校正门以北的大半部分,第二次世界大战后又扩展到东面的浅野地区,密密麻麻地修建了大量校舍。工学部用地范围内已经没有余地设置铜像,更别说将铜像设置地点与建筑物之间产生关联了。

工学部教授的铜像大多设置在门厅、图书室、教授委员会办公室等校舍内的公共空间,但是有一个人的铜像比较特殊,那就是位于正门附近北侧的工科大学土木工学科教授古市公威(1854~1934)的铜像。这座铜像仅坐像高度就已超过2米,可见其规模之大,铜像背后还立着一幅雄伟壮观的石制屏风。大小可与之匹敌的铜像,大概也只有康德尔和滨尾新的铜像。

古市是姬路藩士之子,生于江户。出生那年正逢柏利再次率领舰队抵达日本,逼迫日本与之签订《日美亲和条约》。明治维新以后,古市在开成学校就读,1875年作为文部省留学生赴法国留学,在巴黎中央理工学院(Ecole Centrale Paris,工科大学)学习土木工学。1880年回国后任职于内务省土木局,主要从事河川工程。帝国大学成立后,任工科大学土木工学科教授,并兼任工科大学校长。墙面上雕刻着赞颂古市的碑文"先生实乃本邦工业教育之鼻祖"。三岛由纪夫的本名公威,据说就取自古市名字里的"公威"二字(《卒·三岛由纪夫》,平冈梓,文春文库)。

古市铜像的雕刻家是堀进二(1890~1978)。堀

古市公威像

进二在太平洋画会拜新海竹太郎为师，另一方面又与中原悌二郎和中村彝等新宿中村屋艺术家团体有交往。战前至战后这段时间，在工学部建筑学科作为外聘讲师教授雕塑。本乡校园内，目前可确认的就有八座铜像出自堀进二之手。

在工学部校舍间漫步，距言问大街不远处，有座工科大学造船学科教授三好晋六郎（1857~1910）的铜像。铜像背后是拥有船型试验水槽的建筑，其设立位置考虑到了铜像主人与建筑物之间的关联。铜像两手交握放置于书籍之上，形成一种与胸像不同的亲切感。雕刻家是武石弘三郎，在本乡校园内，其作品数目仅次于堀进二。

理学部放置在室外的铜像，只有爱德华·戴沃斯（Edward Divers，1837~1912）一人。戴沃斯的铜像静静地伫立在化学馆的中庭，化学馆是关东大地震以前修建的现存少量建筑之一。戴沃斯是英国人，1873年来到日本，在工学宿舍以及后来的工部大学校、理科大学教授化学。戴沃斯在来日本之前，就已发现次亚硝酸盐，虽然身在日本，但他还是积极地在英国和德国的学会杂志上发表研究成果，1885年被选为英国皇家协会会员。1899年即将回国之际，被授予东京帝国大学名誉教师称号，并且于第

三好晋六郎像

爱德华·戴沃斯像

二年, 即 1900 年在理科大学本馆正面修建了这座铜像。台座背面刻有"明治三十三年七月有志者建之"。

理科大学本馆由曾留学法国的建筑家山口半六设计, 1886 年竣工。与现在的理学部本馆大致位于同一位置。之后, 化学馆被修建后, 戴沃斯的铜像被迁到御殿下运动场旁的道路边上, 在英国沦为敌对国的第二次世界大战期间, 据说铜像被从台座上拆下来藏在化学专业图书室的书库里, 1964 年才终于回到原来的台座上。

雕刻家是长沼守敬, 他还制作了贝尔兹和斯克里巴的铜像。

（木下）

老鼠簕
——建筑中融入的象征生命力的植物元素

本乡校园设有前庭的建筑不多, 除安田讲堂外, 只有图书馆、医学部本馆和工学部 1 号馆设有前庭。

工学部 1 号馆的前庭中央有一棵高大美丽的银杏树。虽然结构简单, 但是给人以稳重素净的感觉, 与大学校园内的庭院气氛非常吻合。前庭四周的景观虽各有不同, 但都酝酿出学校所特有的氛围。前庭东侧工学部 6 号馆前成排的光叶榉树和树木间露出的远处校舍, 赋予了前庭更加强烈的纵深感。

工学部 1 号馆正门左右的花坛里种植了一种大叶植物。这是建筑意匠学教授家本靖从欧洲留学归来时, 从希腊带回的爵床科植物刺苞老鼠簕（Acanthus spinosa）, 在日本通常被称为老鼠簕。

世界上老鼠簕的同类（属）有 50 种, 大部分种类都自然生长在地中海地区。其旺盛的生长状态受到世人的注目, 被视为象征生命力的植物。

早在希腊时代以前, 美索不达米亚地区就已经把椰枣树视为生命力的象征。树叶被纹饰化, 因状似棕榈而被称为棕榈纹饰, 这种纹饰被用于爱奥尼亚柱式的建筑中。相反, 起源于科林斯的古希腊建筑却在柱头和柱饰上使用了纹饰化的老鼠簕。科林斯柱式建筑中采用的纹饰, 据说其原型就取自老鼠簕,建筑上称之为"莨苕叶纹饰"（莨苕花是老鼠簕的别名）。

老鼠簕广泛分布于地中海地区,其旺盛的生长力被众人所熟知。棕榈纹饰作为建筑物的装饰虽然被后世一直使用,但是在希腊时代,地中海地区,尤其是希腊本土,象征生命力的棕榈纹饰地位逐渐被莨苕叶纹饰所取代。在希腊,人们只食用椰枣树晒干的果实,而无法见到真正的椰枣树。老鼠簕生命力的象征性在古罗马时代也得到了继承。中世纪的教堂用老鼠簕来绘制天井画。

以老鼠簕为主题的纹饰,随着亚历山大大帝的远征东方而被从波斯传到印度,被印度佛教所接受。这是东西方文化交流史上一个非常有趣的课题。

遗憾的是,本乡校园内的建筑没有发现带有典型莨苕叶纹饰的柱子和壁柱等。相反,却在法文1号馆和2号馆的拱廊、工学部1号馆和陈列馆、附属医院等多座建筑支撑出入口的列柱上方发现了涡卷状纹饰。同样的纹饰在关东大地震时遭受重创的原工科大学、后来的工学部本馆出入口部分也可以见到。

长出花穗的老鼠簕,右上方框内是涡卷状纹饰。

与这种涡卷状纹饰相类似的装饰图案,据说来源于椰枣树萌发出的嫩叶,它与棕榈纹饰同样在爱奥尼亚样式建筑中较为多见。

本校涡卷状纹饰是康德尔创造的校园传统建筑主题样式,陈列馆和法文1、2号馆上面的纹饰也许是继承了康德尔的这一设计理念。但是,这种纹饰究竟是康德尔采用的一种古老的主题纹饰,还是只是康德尔发明的一种装饰图案,这点我目前还无法断定。

不论是椰枣树,还是老鼠簕,古希腊人民从这些生长旺盛的植物身上感受到了繁殖和生命的力量。老鼠簕虽然是生长在地中海周边的植物,但是它具有耐寒性,在东京可以露天栽培。即使是冬季,栽种在向阳处的老鼠簕叶子也不会枯萎。作为装点建筑学科所属的工学部1号馆花坛的植物,再没有比它更适合的了吧。

(大场)

大学的原风景
——讲解或讨论的空间

如果让您列举校内最具大学特点的房间,您会选哪里呢? 有人会说是研究室和实验室,也有人会说是图书馆阅览室。但是,如果将其限定为学生和教师平等共有的,且与大学活动有着不可分割关系的场所,那么只有教室才符合这一条件。这是因为自古以来授课为教师与学生的最初接触以及日常接触提供了最宝贵的机会。

西欧传统上将柏拉图在古希腊雅典郊外阿加德米花园创办的学校(阿加德米学园)视为大学发展的起源。之后一直到今天,大学被描绘为教师向学生传授知识的场所。

据说阿加德米学园在课堂上非常重视讨论,喜欢将教室的座椅面对面排列,这样学生们在讨论时相互间可以清楚地看见对方。有时,他们大概也像罗马时代马赛克画所描绘的那样,学生和教师坐在绿荫下讨论。

史书上记载,欧洲中世纪刚创立不久的大学,教师曾在市内租住的房屋内,站在围坐在地板草席上的学生们"中间"授课。

到了现代，像美国法学院这种重视讨论的学校，它们也喜欢将桌椅排列成U字形和圆弧状等。教室是学生们激烈讨论的场所，这点历经数千年一直没有改变。

现在流传的教室布局，大概是中世纪末期以后的产物。从那时候起，大学开始持有自己的校舍，与此同时，教师也开始身着长衫，站在装饰华丽的高出地面的讲坛上，面对坐在长椅上的学生授课。

本乡校园也保留有那种风格的教室。工学部2号馆（大正13年，即1924年）的大讲堂就是其中的一例，威严的讲桌制作工艺非常精巧，背后的黑板还装饰了高度超过4米的橡木制成的哥特式框架。学生的座位处摆放了长条形桌子，令人感觉仿佛走进了中世纪的大学。

竣工时的工学部2号馆大讲堂　讲坛周围饰有黑板装饰、华盖等。

相反，工学部1号馆（昭和10年，即1935年）15号教室却与之不同。这里虽然也设有庄严的讲坛，但是学生座椅像古希腊剧场一样呈圆弧状阶梯排列，学生与教师被一种不可思议的一体感所包围。站在这里，不禁令人想起从教师站在学生中间向学生提问这一形式发展起来的古老的课堂。

（岸田）

竣工时的工学部1号馆15号教室　罕见的半圆形设计。（综合研究博物馆藏，同上）

走向再生的槌音
—— 工学部的再生和 2 号馆的大改造

　　在校舍密布的本乡校园，要想扩充必要的设施和创造与之相应的空地，就不得不在某种程度上使建筑高层化。另一方面，对承载了大学悠久历史的古老建筑进行翻修，使之得以继续使用，也是一件非常重要的事情。

　　事实上，校园内被翻修的建筑数目正持续增长。这一浪潮始自工学部地区的一连串翻修计划，其中首先得以再生的是工学部 6 号馆（内田祥三，昭和 15 年竣工，即 1940 年）。承担翻修设计的香山寿夫细致地解读了内田哥特式的设计理念，将屋顶增建部分设计成向上扩展的形状。用耐大气腐蚀钢修建的平滑的外壁，其铁锈色随时间的变化而变化，是一种把新旧元素巧妙地统合在一起的设计方式。

　　之后，6 号馆成为位于其附近的法文校舍屋顶增建的范本。1998 年对 6 号馆进行了第二轮翻修，走进馆内，你会意外地发现馆内色调使用了一种与建筑外观截然不同的明亮的华丽色彩，令人眼前突然一亮。香山在工学

工学部 2 号馆入口　翻修后在圆顶弓形结构上安装了圆形间接照明设施。

工学部 6 号馆房顶　增建的部分和工学部新 2 号馆。（摄影：笔者，同左）

部1号馆（昭和10年，即1935年）的翻修工程中，采用了将旧馆原有光庭室内化等设计方案，翻修后的1号馆内随处可见把建筑外墙改成内墙，把背面突然转换成正面等有趣的设计。背后新建的玻璃幕墙对面可看到旧馆的外墙，使人享受到时光交织的设计乐趣。

紧挨大讲堂北侧的是正在进行的对工学部2号馆（大正13年，即1924年）的大规模增建和改造工程。2号馆是震灾前设计的为数不多的校舍之一，地震发生后，大学校部曾一度设在那里，这座建筑保留了有关大学的一段重要历史记忆，不仅如此，它还在长达80年的岁月里一直默默守护着堪称代表校园形象的大讲堂前广场。对内田祥三个人来说，这也是一个非常值得纪念的建筑。2号馆是内田在校内亲手设计的第一所建筑，因这所建筑在震灾中安然无恙，所以他才被委以制定校园重建规划的重任。

如果没发生地震，大概2号馆原定要建在明治以来的红砖校舍群旁边的缘故吧，其建筑样式与灾后重建样式"内田哥特式"不同，外墙粘贴了暗红色的墙砖，细节部分也修建得非常精致，整个风格模拟了哥特式建筑。工学部2号馆是本应建在失去了的明治校园里的最后一所建筑，同时它也是内田创造的昭和校园的原点，从这一意义上说，这座建筑连接了明治和昭和两个时代。

在2号馆的再建这一问题上，学部对增建设施的要求很高。同时如何与2号馆周围浓厚的历史环境以及沉淀的历史景观相协调，也是2号馆改造的一大难题。经苦思冥想，我们最后想出了一个设计方案，对面向大讲堂的旧馆南侧部分进行保护性维修，另外在旧馆上方以及北侧修建两栋巨大的研究楼。

这一设计方案，不仅能维持原有的历史环境，同时也可在原有2号馆的上部及周边集中开展大规模的、高密度的各学科领域研究，由此形成一个既可以满足各种学科研究活动的需求，也可以使新旧空间完美地融合在一起的场所。

2000年，旧馆面向大讲堂部分的保护性维修结束了。彻底拆除了以前随意改变的部分，使之恢复了明亮清透的原貌。在此基础上，新旧设计交错于不同场所，互为呼应。

工学部2号馆旧馆正面　翻修后替换了原有窗框，复原了正门的照明设施。（摄影：GA摄影工作室）

工学部新2号馆的设计模型　新馆悬浮在旧馆之上。（摄影：新建筑社）

鬼灯笼　传说是加贺藩邸时代为祭祀在此处被处以死刑的御殿女官而立，此说法确切与否不得而知。传说碰触土冢就会引致鬼怪作祟，据传甚至还曾有教师在此举办驱鬼仪式。（明治后期，摄影：须藤宪三）

　　旧馆和北侧新馆之间设计了一条供人们来往通行的街道，同时在旧馆上空高高托起一座高层建筑，并将下面原有的中庭改为室内广场。通过将各种活动集聚的场所贯通为具有都市特点的开放空间这一举措，希望使这里成为人们交流并举办各种新活动的场所。与使用了暗红色和褐色墙砖的二战前彩饰建筑相比，这座悬浮在空中的新建筑，就好比一幅水墨画般的单色画。改造工程原本预计于2005年秋完工，但是包括与之相邻的3号馆翻建工程在内的整体工程何时完工，现在还不确定。

（岸田）

食堂的风景

　　位于大讲堂前广场地下的中央食堂是东大校内最大的食堂。在食堂入口的指示牌上，除有汉字外还添加了英文"Chuo Refectory"。

　　这块指示牌是1994年食堂整体翻修时制作的，当时的英国同事曾嘲笑

中央食堂，其独特之处在于将天棚设计成仿佛被风鼓起的帐篷的形状。（摄影：GA摄影工作室）

说样式太古老。他的意思我大致明白，就是说连英国人看到它都会联想到修道院的食堂。

牛津剑桥等英国学院，教师与学生共同在巨大的餐厅用餐。这也许是欧洲社会特有的"共食文化"，但有时也会迎接客人，成为一种教育或学习的场所。

与那种学院食堂相比，东大地下中央食堂所处的位置虽远离了那种文化氛围，但是Refectory一词中包含了设计者对食堂的期待，即趁着翻修之机，将其改造成一个可以边回想食堂遥远的传统，边安静地享受美食的场所。室内配备了完善的吸音装置，使这里

工学部2号馆休息室　进驻了一家老字号西餐厅。

通称为"二食"的第二食堂午餐时间就餐风景（摄影：笔者，同左）

比以前更安静，就餐环境大为改善。

　　然而，校内的食堂大多位于地下或校园周边地区。以中央食堂为首的法文2号馆"麦特罗"和农学部食堂等均位于地下。通称为"二食"的第二食堂虽然也是一个大食堂，但是也位于巴士安全岛对面，医院犬舍和洗衣间、预制装配式校舍之间。

　　第二次世界大战后，校内食堂成为摄取营养的场所、保证学生最低限度生活的场所。学生人数增加，座位不够，因此食堂不得已只能最大限度地往里面塞桌椅，大食堂内经常是杂乱无章、人声嘈杂。

　　大学固有的建筑与中世纪欧洲学寮有着很深的渊源。食堂在大学里也许比教室和图书室历史更久远。

　　在位于都市、校园周边有很多可利用的城市设施的大学，校园内的食堂可视为是一个特别的地方。山上会馆面向三四郎池一侧虽设有漂亮的西餐厅，但那里只供教职员工使用。为了促进学生与教师之间多种多样的交流，在校内"最好的地段"多设置一些Refectory，使师生都能以舒畅的心情共同度过就餐时间不是更好吗？

　　最近，也有人对迄今食堂状态提出了质疑。2001年，工学部设法挤出一块地方，在2号馆一楼可望见大讲堂的地方开设了一个小型休息室（工学部建筑规划室）。这家由老字号西餐厅经营的食堂，虽然座位有限，但是经常坐满了边吃饭边聊天的教师和学生。

（岸田）

弥生地区

スコアボード

生命科学総合研究

生物生産工学研究センター

野球場

家畜病院
(動物医療センター)

農学部7号館

農学部

農学部5号館

地震研究所

テニスコート

グラウンド

分子細胞生物学研究所

農学部3号館(本館)

モデリ

総合

大イチョウ

農学部2号館

樹形の山

農学部1号館

朱舜水記念碑

上野英三郎像

平

農学資料館

農学部正門

弥生講堂

三杆

旧農正門扉

高崎屋(追分)

南北線東大前駅

茶51
東43

至 三田線春日駅

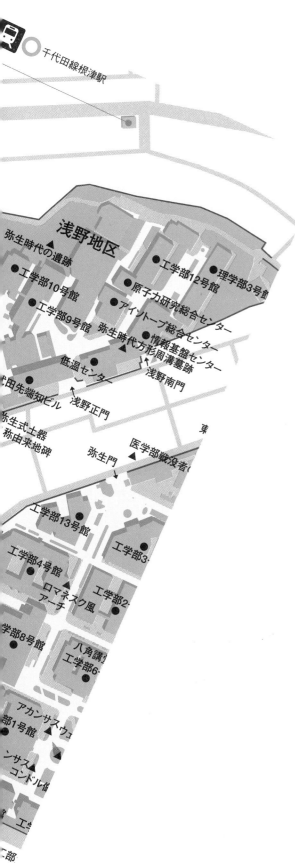

千代田線根津駅

浅野地区

弥生時代の遺跡

●工学部10号館

●工学部9号館 弥生時代方形周溝墓跡

●工学部12号館

●理学部3号館

●原子力研究総合センター

●アイソトープ総合センター

●情報基盤センター

浅野南門

低温センター

田先端知ビル 浅野正門

弥生式土器

称由来地碑 弥生門 医学部戦没者

東

●工学部13号館

●工学部3

●工学部4号館

ロマネスク風 ●工学部2

アーチ

学部8号館 ●

八角講堂

●工学部6

アカンサスウ

部1号館 ●

ンサス

コンドル館

●工学

部

农学部 3 号馆（本馆）

承载着时间印记的新旧门扉
——农学部正门

　　农学部等所处的弥生校区正门，很长一段时间被人们称为"农学部正门"或"农正门"。昭和10年（1935年）完工以后，历经了70年的风霜洗礼，原本用极厚的橡木制作的门板已严重损毁老化，于是学校通过收集同样的板材重新制作了现在的大门。与之前脏污暗淡的灰白色大门相比，新门四周仿佛被光线照射着一般色彩非常明亮，与之前给人的感觉大不相同。

　　这使我想起了巴黎西堤岛上的巴黎圣母院大教堂。以前巴黎圣母院曾因污垢太多而进行了彻底的清扫。清扫后的大教堂整个焕然一新非常洁净，但是在清扫过程中附在彩色玻璃上的污垢也被彻底洗净，使得原本暗淡古雅的色调被鲜艳的色彩所代替，据说这一举动竟意外地招致了人们的不满，有人说还是清扫前的教堂更让人觉得有韵味。

　　与此类似的情况还发生在自由学园明日馆（弗兰克·劳埃德·赖特（Frank Lloyd Wright）设计，1923年，重点文物，丰岛区）的解体维修上。施工过程中，基于已调查清楚明日馆竣工当时的原本色调，馆员对馆体颜色进行了恢复，结果导致很多人对此产生不满。原因是人们已经习惯了之前明日馆象牙白墙壁与古铜色木质部分形成的完美的色调搭配。

　　环境的优美与文化价值，并不是由一方单方面地给予，而是我们在长时间地与对方相处过程中觉察出来的。即使是以雕刻的造型美而成为西欧审美价值原点的雅典帕特农神庙，也从未听说过要将其修复为由五彩雕刻群装饰建造的数千年前的样子。日本的文化遗产保护一直以保存主体建筑、优先恢复原状为指导方针，对这一方针的正确与否，有必要从更加开阔的视角来加以充分的讨论，从而制定出更为灵活的文物保护计划。

在这点上，我们可以看到有关人员在农正门处理问题上所做出的正确判断。木材经风吹雨淋容易朽烂，更何况是每天都要开关的正处于使用状态的大门，古老的大门已经到了不得不更换新门的时候了。农正门一方面更换了原有朽烂的木材，另一方面又继续使用了原有铁制装饰性窗户等还可以使用的五金件，使大门形状保持了原有风格。刚换新门时因变化巨大而感到困惑的人，不久随着木材的逐渐变旧也会慢慢地适应吧。

在农正门翻新过程中，将卸下来的旧门板改作他用这一想法最为有

新农正门，用日本产橡木制作复原。（摄影：笔者）

被放置在弥生讲堂中庭的原农正门门板

趣。弥生讲堂西侧，距离校园外周的围墙之间建有一小型院子，结束了门扉使命的两块门板，被作为其南侧间壁墙而并排竖立在那里。古老的巨大木板，曾镶嵌了装饰性窗户的地方突然露出两个大大的圆孔，给刚刚开辟不久的这一场所赋予了一种难以名状的情趣。

（岸田）

弥生校区的植树
——本乡台地的植被复原

农学部等所在的弥生校区，看起来似乎非常有计划地进行了植树活动。以正门为中心的本乡大街一侧种有椎树，农学部1号馆和2号馆面对的部分以及两馆的西侧种有银杏树，3号馆前和1、2号馆面向3号馆一侧（即东侧）种有光叶榉树，从正门通向3号馆的路上种有喜马拉雅雪松，与其垂直交叉的1、2号馆和3号馆之间种有日本石柯。

从本乡大街遥看弥生校区，首先映入眼帘的是带有圆形丰满树冠的繁茂的椎树林。与被高耸入云的樟树所包裹的本乡校区不同，椎树繁茂的弥生校区，给人以一种柔美与刚直并存的独特的感觉。这些椎树的生长状态非常自然，令人难以判断究竟是人工种植的，还是在那里自然生长的。

被人为改变前的本乡台地，一定也是被这种茂密的椎树林所覆盖。弥生校区里的椎树，难道是为了保留本乡台地景观的原貌而种植的吗？如果真的是出于这一目的，那么这在当时绝对是一个具有划时代意义的植树活动。

1、2号馆树种以银杏树为主，而3号馆却以光叶榉树为主，这种树种分布上的不同也令人产生疑惑。这究竟是什么原因导致的呢？问题的答案似乎与这些建筑物修建的年代有关。

从时间上看，1号馆竣工于1930年（昭和5年），2号馆竣工于1936年（昭和11年），而3号馆的竣工时间却是1941年（昭和16年）。1号馆修建的时间处于关东大地震发生后开始的一连串工程建设的延长线上，当时正在执行滨尾校长制定的银杏种植计划。所以，当时大概是遵从滨尾制定的植树计划，在1号馆四周种植的银杏树。

2号馆竣工时间在医学部1号馆和理学部2号馆之后，当时校内光叶榉树的种植数目有所增加。尽管如此，2号馆却并没有种植光叶榉树，这大概是为了与先前修建的1号馆保持对称。

与此相比，太平洋战争爆发前修建的最后一座建筑3号馆，采取了与1、2号馆不同的植树方案。此外，1、2号馆东侧，即面向3号馆一侧种植的光叶榉树，大概也是为了与3号馆保持对称。

走进正门最先看到的
是一棵巨大的椎树。树木
从根部开始分枝的情况说
明这棵树在很早以前曾遭
到过砍伐。从树墩萌发出
的枝条长成了今天从地面
向上伸展的粗大的树枝。

弥生校区的喜马拉雅雪松

继椎树之后出现的是
喜马拉雅雪松。之前,在修
剪树木时几乎没有剪短下
枝,所以树枝向周围伸展呈
流畅的圆锥形结构,但是最
近对下枝的断然砍伐导致树形突然改变。

1、2号馆和3号馆之间的空地种满了日本石柯。从建筑拥挤的本乡校
区出来,通过架设在言问大街上的过街天桥走进弥生校区,你会被这里宽敞
舒适的空间和浓郁的日本石柯绿荫所倾倒。反射强烈日光的日本石柯,虽
然在本乡校区弓道馆周围等地也有种植,但其壮观程度远不如这里。日本
石柯属于壳斗科常绿阔叶树,学名Lithocarpus edulis。分布于关东地区以西
的本州、四国、九州。其果实橡子长度可达到2.5厘米。种子略带甜味,可生
食,实际上在高知县等地均有食用。种子小名edulis意为"可以食用",由曾
在本校开展过研究活动的牧野富太郎命名。

（大场）

内田哥特式建筑地位的动摇
——农学部本馆

走进农学部正门,首先映入眼帘的是茂密的树木。正面是一棵枝叶
繁茂的巨大椎树,椎树后面是高大挺拔的喜马拉雅雪松。右侧是一个利用
木板和玻璃将车库改造而成的展览馆,再往后走可看到木质结构的弥生讲

堂。与农学部颇有渊源的树木和树木加工而成的木材将校园点缀的美丽无比。不同场所显示出的细微气氛变化，折射出其各自的历史发展过程，耐人寻味。

内田哥特式在每座建筑上的体现都有所不同。林业学等所在的农学部1号馆（昭和5年，即1930年）、2号馆（昭和11年，即1936年）侧面便门上部装饰着小巧玲珑的模仿树形图案雕刻的浮雕，矿山学科等所在的工学部4号馆（昭和5年）巨大笨重的罗马风格入口拱门张着大口似乎要把人吸进去。医学部1号馆和生物系学科所在的理学部2号馆（昭和9年，即1934年），柱顶装饰似手术刀般尖锐锋利，将水平延伸的建筑轮廓衬托得更加引人注目。

农学部3号馆（本馆）（摄影：笔者）

这些都只是一种变换修饰手法的游戏，是在这些建筑所共有的内田哥特式设计基础上的一种巧妙的游戏，这种游戏不仅不会破坏整个校园的一体感，相反还给校园环境增添了抑扬顿挫之感，使之变得更加丰富多彩。

从农学部本馆（3号馆，昭和16年，即1941年）身上可看出这种内田哥特式风格发生了变化。3号馆似乎在哥特式装饰与现代的简洁明

农学资料室，由车库改造而成的展览馆（摄影：新建筑社）

快之间大幅度摇摆。在它的身上看不到医学部本馆那种内田哥特式风格最为稳重辉煌时期的外表，建筑物给人的整体感觉既像是设有成排巨大四角形窗户的工厂，又像是设有连续的长方形窗户的现代设计。

3号馆的装饰非常简单，没有个性化的装饰。与其他内田哥特式一样，农学部本馆的柱子顶部也设有装饰，这些带有装饰的柱子似乎不由分说地切断了一个又一个连续的窗户。就算把按照新的设计理念改装的窗户排除在外，建筑物本身也开始发生了质的改变。

当时正处于建筑材料日趋匮乏时期。不允许有任何的浪费。内田哥特式成为了在混凝土框架结构表面所施行的表层样式，也就是说变成了一种外部装饰。也许当时内田自己也开始陷入迷惑之中。

第二次世界大战后，内田的设计出现了戏剧性的变化。犹如决了堤的洪水般突然转变为白色的箱型，即所谓的现代建筑样式。堪称最后一座内田哥特式风格的农学部3号馆，当时已明确显现出这一变化的征兆。

但是，这种迷惑在东大并没有持续很长时间。农学部3号馆是地震后实施的校园重建规划中修建的最后一座建筑，自此校园重建工程告一段落，同时也是因为东大已经耗尽了所有能够调动的重建资金。

（岸田）

银杏叶变黄的时候
—— 光线映射下的美丽校园

终于迎来了久违的强烈日光照射的晚秋，银杏树叶开始慢慢脱落，校内放眼望去一片金黄。沐浴在秋日阳光下的校园，美丽得令人窒息。银杏叶闪耀着金色的光芒从空中飘然而落，这时走在落叶铺就的地毯上，令人感到无比惬意。

傍晚时分，建筑物的轮廓逐渐开始模糊，这时犹如代替夕阳微弱余晖般，校园四处开始亮起灯火。这是校园一天当中最富有戏剧性变化的一瞬。

农学部本馆和工学部1号馆前，树叶已完全变黄的大银杏树，在树根处埋设的灯光映照下，似乎变成了一座身披无数金色树叶的巨大雕塑。如果

农学部华灯映射下的大银杏树，树下埋设了照明设施。

农学部1号馆门廊浮雕（摄影：笔者，同上）

周围空气里还残留着带有绿色的夕照，那么色调就会变得更加微妙。

工学部银杏树左右两侧的树丛里闪耀着一对铜像。这对铜像修建于大约80年前，铜像表面被一层淡淡的铜绿所覆盖，白天隐藏在绿色中有些看不清楚，但是到了傍晚，在淡淡的余晖映衬下，就会浮现出鲜明的轮廓。

综合图书馆和工学部6号馆周围，光叶榉行道树枝叶伸展的外部轮廓在华灯映照下，宛如人们抬头仰视看到的哥特式教堂的穹顶。图书馆沿线装有内置照明设施的钢制圆柱，素雅的银色肌理散发出暗淡的光，在圆柱光线的照射下，排成一列的光叶榉树干，随着敲打的节奏，依次登场。

下雨的夜晚，雨水在灼热的灯光照射下变成水蒸气，飞落的雨滴在强光中瞬间划过，以致使人产生从圆柱里冒出烟并蹿出火花的错觉，听说甚至还有人为此报了警。这出"烟与火花"的露天表演，较之昏暗的傍晚，更适合在漆黑的夜幕下上演。

校内随处可见的、被昵称为"狗窝"的弓形结构门廊，在夜晚这一时刻，也上演了一出华丽变身秀。白天躲在阴影里的弓形结构，夜晚在柔和灯光的映衬下，向人们温柔地张开双臂。农学部1号馆的门廊上，弓形结构里侧墙壁（大门上方窄小的墙壁）上雕刻的树形浮雕，此刻展露出更加可爱的笑容。

光线里包含着与单纯的明暗所不同的庄重之感。大讲堂正面入口，光线透过赭石色玻璃照射在暗色大门上。从远处看，在钟楼的黑色剪影下，似乎凝聚了大讲堂全部生命气息的光团朦胧地浮现在那里。

夜幕迫近，校园开始展现出人们在白天所无法看到的另外一幅景象。

（岸田）

从农学校到农学部
——忠犬八公与主人的重逢

农学部校区位于言问大街北侧。1935年农学部从驹场搬来以前，这里曾是第一高等学校（一高）的校址。一高的寮歌"啊……花开玉盏"（1902年）中有句歌词"屹立在对面山冈上"，其中"对面山冈"指的就是从上野山方向眺望到的对面的山冈。

农学部校区所在地曾建有水户藩中宅邸，与加贺藩上宅邸相邻。言问大街是明治时期以后才开凿的。江户时代两所宅邸的分界线，斜穿现在的工学部，一直通向弥生门附近。出了弥生门沿着暗闇坡稍微向下走，在路的右侧现在还残留着当时划分两所宅邸边界的石墙。

农学部正门前的岔路口，被称为"追分"，是中山道和岩槻街道的分叉口。史书记载那里曾设有中山道最早的标示一里距离的里程标（距日本桥一里），并种有朴树，但是现在那里只孤零零地立着一块写有说明文字的解说牌。倒是位于道路拐弯处的酒铺高崎屋，从宝历年间（1751~1764）起就一直在此营业。本乡校园曾出土了刻有"タカサキヤ"（注：高崎屋的片假名拼写）的酒壶。

水户藩在小石川建有规模宏大的上宅邸，宅邸位置的分布使幕府将军的亲藩水户德川家巧妙地将外样大藩前田家隔开，以此达到压制前田家的目的。水户藩上宅邸的庭园被命名为"后乐园"。后乐园模仿西湖修建了西湖堤和石桥等，带有强烈的中国文化特色。作为东京都内现存的大名庭园，

朱舜水纪念碑

后乐园与六义园并列,均为屈指可数的一流庭园。

为后乐园的命名和营造出谋划策的人物是明朝时期流亡日本、并被二代藩主光国所接纳的中国儒学家朱舜水(1600~1682)。朱舜水于1668年进入中宅邸,逝世前一直在此居住。朱舜水的实学思想,不仅对光国,而且对安积澹泊、林凤冈、木下顺庵等人都产生了巨大的影响。朱舜水去世后,光国编辑了《朱舜水先生文集》共28卷。1912年,为纪念朱舜水赴日250周年,朱舜水纪念会修建了刻有"朱舜水先生终焉之地"的石碑。这块石碑现立于农学部正门北侧。

农学部校舍的建筑样式与本乡校区哥特式风格校舍一致,1号馆(1930年)、2号馆(1936年)、3号馆(1941年)历时10余年修建完成。校园格局设计非常简单,站在正门,以对面的3号馆为中心,1号馆和2号馆呈左右对称分布。我大胆地归纳了一下,右边的建筑是林业,左边的建筑是渔业,里面的建筑是农业·兽医学。3号馆后面修建的大量校舍反映了二战后农学研究、农学教育的多样化发展。

开始施行校园工程建设的1930年代,铜像的时代已经结束。确切地说,当时正处于国家收缴金属的所谓铜像受难的时代,因此在农学部的校园里看不到室外雕刻。倒是很久以前在驹场农学校时期任教的外国人教师的铜像,从驹场随农学校一起搬迁过来以后,被安置在校舍内的走廊里。

其中,德国教师约翰尼斯·路德维格·詹森(Johannes Ludwig Janson,1849~1914)的铜像早在1902年就已经修建,属于校内最早的铜像。詹森1880年来到日本,至1902年任期结束,20多年来一直在驹场农学校以及后来的农科大学教授兽医学。詹森似乎非常喜欢日本,回国后又再次来到日

本，历任盛冈高等农林学校、第七高等学校德语
讲师，卒于鹿儿岛。

詹森铜像的雕刻家是大熊氏广。大熊以第
一名的成绩毕业于工部美术学校雕刻专业，是最
早从事铜像雕刻的日本人。詹森铜像光滑的外
表与1910年代和1920年代出现的表情丰富的
铜像全然不同。

与此相反，在驹场农学校、东京农林学校、
农科大学讲授农艺化学的德国教师奥斯卡·凯
尔纳（Oskar Kellner, 1851~1911）和农科大学第
一代校长松井直吉（1857~1911）的铜像，都留

奥斯卡·凯尔纳像（摘自木下编《博士的肖像》，以下同）

有不光滑的拍打黏土的痕迹，表明是下一代雕刻家创作的艺术作品。这两
尊铜像的雕刻家分别是朝仓文夫和新海竹太郎，创作时间是1915年和1914
年，属于同一时期的作品。两尊铜像的台座是木制古式台座，做工精巧，与
詹森铜像简单的石制台座形成了鲜明对比。

台座背面雕刻的文字表明，铜像制作的目的是为了怀念奥斯卡·凯尔
纳先生和松井先生。

"东京帝国大学名誉教师德国人奥斯卡·凯尔纳先生于明治十四
年应聘来日本讲授农艺化学，明治二十五年回国，我等志同道合之人为
表达怀念之情特制作此像以资纪念"。

"东京帝国大学农科大学校长、从三位勋二等理学博士松井直吉先
生在职时间从明治二十三年至明治四十四年，我等志同道合之人为表
达怀念之情特制作此像以资纪念，大正四年二月"。

农学部除此之外还有一位著名人物的铜像。但是他饲养的狗却远
比他本人更有名。他就是在农林土木学领域取得巨大成就的上野英三郎
（1871~1925），著名的"忠犬八公"的主人。狗的主人和狗都被制成铜像，
但是却被分别修建在不同的地方，这种事例非常少有。八公因在主人去世
后还每天依然到涩谷车站等候下班的主人回家，而被人们称赞为"忠犬"，这
也是为什么不可能将其主人的铜像一起设立在涩谷站前的原因。

上野英三郎像

在"忠犬八公铜像建立50周年纪念祭"（1984年4月9日）活动上，八公终于与主人再度重逢。（每日新闻社情报服务中心提供）

　　1924年正月，上野从秋田县大馆领回了一条秋田犬，取名"八"，上野对小家伙非常疼爱。上野的学生们在八后加了个"公"，称之为"八公"。当时农学部的校址还在驹场，家住涩谷的上野在涩谷站坐电车上下班。将八公领回家的第二年，即1925年5月21日，上野在学校突然逝世。

　　之后，人们经常在涩谷站看到等待主人回家的八公，这件事越传越广，最后1932年10月4日的《朝日新闻》以"惹人怜爱的老犬故事，七年来一直等待已经不在人世的主人回家"为标题，大幅报道了八公的事迹。两年后，修建了八公的铜像，八公自己也出席了铜像落成仪式。雕刻家是安藤照。八公的主人上野的铜像修建时间是1930年，比八公的铜像早4年。

　　八公死于1935年，即被雕刻成铜像的第二年，享年13岁。它的毛皮被制成了标本，现保存于国立科学博物馆，遗骨被葬在青山墓地，与主人上野合葬在一起。八公的故乡大馆也修建了八公的铜像。1936年，八公的事迹被写入小学思想品德教科书中，随着时代潮流的发展，被打造成"忠犬"的形象。因二战期间政府收缴金属，位于涩谷和大馆的铜像曾一度被熔，二战后又分别得以重建。虽然被时代所愚弄，但是八公现在依然是日本最有名的狗，至少位于涩谷站前的八公，是日本最有"人气"的铜像。

八公的主人上野英三郎的铜像被放置在正门旁的农学资料室,一直默默地守护着农学部的发展与变化。

(木下)

腐烂了的记分牌
—— 一高棒球部与东大棒球场

本乡校区北端和弥生校区兽医学医院后面的灌木丛中,立着一个混凝土制成的巨大框状物体。这是昭和12年(1937年)竣工的棒球场所使用的记分牌。这个球场现在已极度破旧,不了解实情的人看了也许会认为这是哪个业余棒球的练习场地。实际上,第二次世界大战结束后不久,从明治时期以来就一直胜负参半的一高(现东大教养学部的前身)、三高(原京大教养部的前身)的最后决赛就是在这个球场打响的。

只不过当时还没有"高校棒球"这一说法。弥生校区所在地,在昭和10年(1935年)以前一直是一高的校园。据史料记载,一高棒球部曾有过一段辉煌的历史。首次将棒球术这一运动项目翻译为"野球"(Ball in the field)的教练中马庚就出自一高棒球部。明治20年代,一高棒球队在比赛中以大比分连胜当时实力最强的劲旅"横滨外国人俱乐部",奠定了之后学生棒球乃至日本棒球界的基础。而在此之前,"横滨外国人俱乐部"曾嘲笑"日本人身材矮小,技术幼稚拙劣",一直不把日本棒球队放在眼里。即使是今天学生棒球的劲旅、庆应和早稻田,也可以毫不夸张地说是以一高棒球部为目标发展壮大的。

灌木丛中已严重腐烂的记分牌(摄影:笔者)

明治时期的一高棒球场　粗野的学生令人感受到时代的气息。

最后的一高和三高对抗赛　东大棒球场（1948年8月）（摘自《第一高等学校八十年史》，同上）

　　一高棒球场位于现在的农学部本馆（3号馆）和本馆后面的农场一带。负责制定东大校园重建规划的内田祥三似乎非常了解这一点。他在制定包括旁边的一高校园在内的整体规划时，计划将具有辉煌传统的棒球场设置在高校正门（现农学部正门）的对面，重建后的校园里最为醒目的位置。

　　最终，位于驹场的东大农学部与一高互换校址，在与之相邻的现在位置修建了弥生校区新球场，新球场虽是供东大棒球部使用的设施，但是作为继承了一高棒球部光荣传统的这一场所，被选为最适合举办传统对抗赛最后决赛的舞台。

　　比赛当天,看台上坐满了观众,在2∶2比分持平的紧张时刻,终于在文章开头所提到的记分牌上加上了决定胜负的关键1分。1948年8月8日,传统的一战延长的结果,以三高的胜利而结束,漫长的征战历史自此落下了帷幕。

　　最近,正面看台外壁被改涂成淡绿色,球场上也铺上了绿色的人造草坪。相对陈旧的球场来说,这种颜色格外鲜艳,令人不禁想起一首俳句"夏草萋萋……"。

（岸田）

漫步路线八

附属医院

医院

未完的都市
——医学部附属医院

医学部的建筑物被称为"未完成的交响乐"。本馆（医学部1号馆）和旧附属医院都未能按原定计划完工。尤其是医院，它就像是一座不眠不休的都市，仿佛阿米巴虫一般，不断地改变形态，持续生长。就算在某一阶段你认为它已经完工了，但实际上它却并未真正"完工"。在迎来某些部分的"完工"之前，最开始修建的部分却已寿终正寝，于是又开始摸索新的建筑理念和建筑模式，这种过程不断地循环往复。

现在正在运转的医院，在这大约15年的时间里修建了中央诊疗楼和门诊大楼，2001年又建成新住院楼。这些大楼都是由冈田新一设计完成的。2007年由冈田设计的中央诊疗楼二期工程的完工，标志着附属医院历史上首次所有部门建筑的全部完工。

新住院楼可容纳1 000张床位，仅新住院楼的总面积就超过6万平方米，医院整体面积更是高达15万平方米，可见其规模之庞大。不仅如此，在医院建筑设计方面还进行了很多新的尝试，作为拥有最尖端医疗设施的基地，人们对其抱以很高的期望值。

从大小来看，第二次世界大战前的医院也是校内占地规模最大的建筑。按照设计者内田祥三的规划，该建筑是一座正面长250米、纵深200米的雄伟建筑，正面的250米相当于本乡校园从正门到大讲堂之间的距离。

医院虽未完工，但旧馆部分的正面也长达170米。内田的设计非常高明。旧馆正面虽长，但却无冗长之感，内田在楼体中心部位设计了一个如巨浪般的隆起，使整个设计显得强劲有力。

　　如果按照内田的设计修建完成，那么以如公园般宽广的中庭为中心，左右两侧内科系和外科系两栋大楼相对而建，正面深处则应该是一个更为巨大的医学博物馆。整体建筑不仅规模宏大，而且周边绿

旧医院正面，竣工时的样子（综合研究博物馆藏）

色植被丰富，一定是一个即使是在环境上也极其出色的医院。

　　内科大楼基本按计划完工，威风凛凛地端坐在未完工的中庭一侧。楼后面是装饰有历代教授肖像的讲堂。这里是刻有医院和医学部历史的一角，往里面走会发现多个令人不禁为之叫好的精彩之处。

内田祥三提出的附属医院构想（昭和6年以前，岸田日出刀绘制）

外科系和博物馆的建筑没能按计划修建。中庭也未能建成。昭和30年代以前，在预计修建这些设施的场所，曾建有明治以来的破旧木造建筑，在那里开展了医学诊疗和研究等活动。

按照内田的计划，建成的部分还不到整体规划的一半。其中，资金不足是一个原因，但更重要的是第二次世界大战后有关医院的建筑设计理念发生了巨大的变化。新的设计理念要求在住院部和诊疗部按照功能的不同分别集中设置一些必要的设施，内田原有的按照内外科分别修建大楼的方案显然已无法应对这一新的要求。

昭和三四十年代，在新的设计理念指导下进行了医院的工程建设。被称为旧中央诊疗楼等的建筑就是当时的产物，大楼完工时，作为当时集手术和检查部门等为一体的日本最早的"诊疗楼"而大放异彩。

随着诊疗楼的完工，第二次世界大战前规划的修建如公园般中庭的想法被彻底放弃了。医疗现场，必须迅速部署必要的医疗设备。这对作为医疗设施的建筑而言也是同样的。旧医院宏伟的正面背后分布的各个建筑，体现了在这一方针指导下所进行的这40年来的建设成果。

现在的医院远景：左侧是旧医院，右侧前边是门诊大楼，后边是新住院楼（摄影：笔者）

无论是什么样的医院，在其成为教育和研究的场所之前，首先都应是一个"治疗"的场所，从这点来说，我们不应再局限于将建筑物作为一种医疗设备来简单对待的建筑观念上，而是应该从环境的角度来重新审视整个医院地区。从病房偶然看到窗外正在发芽并茁壮成长的绿色植物，从中获取生命的力量和希望的患

盛开的樱花（附属医院前）和安田讲堂（摄影：后藤耀一郎）

者肯定不在少数。这对经常处于紧张状态的医生和工作人员来说，也具有同样的意义。

（岸田）

医院的装饰
—— 西洋医学的传入

根据关东大地震发生后制定的校园重建计划，附属医院被修建在正面面向御殿下运动场一侧。建筑物于1938年完工，当时既是门诊楼，同时也是办公室、药局所在地，是整个医院的中枢。

正面入口处设有七个拱门，左右两侧设有两个更加巨大的拱门。左右拱门上方，镶嵌有巨幅浮雕。迎面左侧浮雕意味着"医学的诊断、治疗、预防"，右侧浮雕《长崎时代》表达了左侧浮雕所示之西洋医学传入日本。而医院正对西方而建的位置，也象征了东京大学医学和医疗的发展始于西洋医学的引入这一事实，这也许是设计当初所没有想到的。

附属医院的浮雕《医学的诊断、治疗、预防》

附属医院的浮雕《长崎时代》

《长崎时代》的作者是日名子实三（Hinago Jitsuzo，1893~1945）。日名子生于大分县臼杵，在东京美术学校拜朝仓文夫为师学习雕刻。参与策划了朝仓组织的东台雕塑会的开创活动。毕业的第二年（1919年），其作品《晚春》首次入选第一届帝展，从此顺利开始其雕刻生涯。第二年，以著名的天主教信徒大名大友宗麟的晚年为主题创造的《废墟》也顺利入选，该作品现保存在臼杵城。《长崎时代》对日名子来说是再恰当不过的主题了。

之后，日名子的作品不断地入选帝展、新文展和所谓的官展，渐渐地他不再满足于只是在展览会上展出其作品，对奖牌、纪念碑，甚至是雕刻与建筑的合为一体也表现出了浓厚的兴趣。

东大医院的浮雕虽小，但是对当时的雕刻家来说，能够在这种规模下施展才华的机会是非常少有的。另外，从并不是单纯地装饰建筑物，而是将与医院相符的故事刻成浮雕镶嵌在建筑物上这点来说，也是日名子求之不得的一项工作。

另一幅浮雕《医学的诊断、治疗、预防》的作者是新海竹藏（Shinkai Takezo，1897~1968）。新海生于山形市，跟随伯父新海竹太郎学习雕刻。综合图书馆的正面和内部也装饰有新海创作的浮雕。与日名子实三正相反，新海没有就读于美术学校，他的作品积极活跃于日本美术院展览会。

寺崎武男绘制的天井画　　　　　　　　　　　　　　（摄影：笔者）

在穿过这两幅浮雕下的拱门时,希望大家能举目仰望头顶的天棚。虽然有些模糊不清,但那里还残留着一些壁画的痕迹。可以勉强辨认出女神和马车等图案。这些壁画是寺崎武男(1883~1967)所绘,寺崎从东京美术学校西洋画科毕业后,立即赴意大利留学,在那里学习了壁画。

(木下)

晚秋时节盛开的喜马拉雅樱

喜马拉雅樱(摄影:笔者)

樱树绽放的樱花被大多数日本人所喜爱,是象征春天的树木。梅树、杏树、桃树、李子树等广义上可以说与樱树同属一类,花朵与樱花相似。其开花时间也是在春天。大概是本乡校园周围分布着上野公园等赏樱名地的原因,校内没有特意大规模种植樱树。

本乡校园的角落种有一种晚秋时节开花的特殊的樱树。因这种树种在实验农场内,所以一般人无法进到里面,但是在开花的季节,即使从远处也能欣赏到怒放的樱花。

这种樱树,是第二次世界大战结束后,由东京大学首次派遣的海外学术研究调查队之一 "东京大学印度植物调查队" 的领队、已故原宽教授从东喜马拉雅带回的种子培育而成。学名Cerasus cerasoides,在日本被称为 "喜马拉雅樱"。

有趣的是,这种树到了秋季先开始落叶,当叶子全部落光的中秋时节,花朵开始绽放,到了晚秋时节则全部盛开,因此其赏花时间与其他樱花不同,而且在开花期间开始萌发新叶,整个冬天都可以看到其绿色的叶子。果实在第二年春天成熟时变成紫黑色。喜马拉雅樱分布于东喜马拉雅至中国的西藏南部、云南省。在当地，也是在晚秋或早春开花。

日本是樱树育种中心，自古以来培育出很多知名的园艺品种。十月樱就是其中之一。十月樱的花朵比山樱稍小，呈半重瓣，从秋季至冬季开始绽放。另外，春季也开花。可以说是日本产秋季开花的樱树。校内正门附近原来有一棵十月樱，但遗憾的是因最近翻盖校舍而消失了。

（大场）

附属医院遥远的过去——"明治"
——旧发电所和贝尔兹的庭石

医院后面有一座用临时围墙圈起来的荒废的旧房子，它被认为是大学里最古老的建筑，修建于明治43年（1910年）左右，原来是医院的发电所。同一年，在紧挨赤门的北侧修建了一座同是砖造建筑的装订厂。这所建筑在结束了它作为装订厂的使命后，被改用为车库，2004年又被改装成大学礼品店。与在垃圾山里苟延残喘的医院荒废的旧房子相比，这所建筑的晚年生活可以说还是比较幸福的。

旧发电所背后的悬崖上，建有一排高层护士宿舍，宿舍一角的灌木丛中，几块颇具风雅的石头被随便丢弃在那里。其中还有三四郎池畔那种巨大的平石以及表面被风化了的带有凹凸肌理的幽邃的岩石。有块大石头上还凿刻出了一个类似石制洗手盆的圆形凹槽，很显然这些石头都是日式庭园里所使用的石材。

这一带在明治维新以前据说曾是松平大藏大辅，即富山藩前田家上宅邸所在地，宅邸内修建了设有池塘流水的庭园。到了明治时期，虽然在此修建了医学部校舍和外国人教师馆，但最近的研究表明，明治30年代原位于赤门附近的附属医院搬迁到这里之前，原有庭园出乎意外地被保存得非常完好。与同一时期被称为"荒凉原野"的法学部和工学部一带相比，有着天壤之别。

其中，埃尔温·贝尔兹为庭园的维护做出了巨大贡献。贝尔兹在医学部担任了25年的内科教授，在这期间他撰写了著名的《贝尔兹日记》。此外，他还发明了处方"贝尔兹水"。

贝尔兹居住的教师馆，位于现在的护士宿舍中最北侧的楼附近，当时大概是本乡校园内为数不多的教师馆中位置最好的一块地，而且据他的邻居、当时的外科教授舒尔茨夫人所述，贝尔兹的院子曾是当时"最高级"的院子。现在崖下修建的鳞次栉比的宾馆、大楼、公寓等建筑虽然阻挡了视线，但是据说在当时，眼前是开阔的不忍池，池中央建有祭祀辩才天女的辩天堂，到了春天，纵目远眺，对面的上野山繁花似锦，变成了一片白色和玫瑰色的花的海洋，景色极为壮观。

贝尔兹嗜好摆弄庭院内的花木，喜欢欣赏古树和种植花草。有一次，日本园艺师在庭前修建了一个"小山"，贝尔兹大喜说"园艺师极富情调地用岩石和植物群装点了自己的院子"。我们虽然无法确切地说出这里提到的石材究竟是富山藩上宅邸的庭石，还是贝尔兹院内的"岩石"，但是，有一点可以肯定，那就是它一定曾经装饰了贝尔兹所喜爱的庭院的一角。

被迁走前的贝尔兹和斯克里巴像（综合研究博物馆藏）

对于年仅25岁左右就来到异国他乡的贝尔兹来说，教师馆是他的第一个居住之所。在这里，他认识了很多人，与日本女性结婚并组织了一个幸福的家庭，但也同样是在这里，他失去了最爱的幼女，作为多年的同事，一起汗水与共的斯克里巴（在医学部担任外科教师的德国医学家）也先他而去，而他本人在离开大学时还遭到了非礼对待，在这里既有幸福的过去也有凄凉的别离。看到杂草中被人们遗忘的庭石，不禁令人感受到贝尔兹当时的心绪。

贝尔兹与斯克里巴共同奠定了东大医学部，乃至日本近代医学和医学教育的基础，其弟子们设立的二人的胸像，至今仍友好地并排立在七德堂后面的悬崖下。二人的胸像原本立在现在的医学图书馆东侧庭园里一个醒目的位置，但是在修建图书馆时，以妨碍工程建设为由被迁到距之数十米的北侧，即现在所处的位置。医学图书馆是第二次世界大战后由美国捐款修建的，由此可想而知，即使是在本乡校园，德国人也受到美国人的驱赶，被撵到了校园边上。

崖下荒废的旧房子和被丢弃的庭石，以及被视为障碍而被移走的胸像。在附属医院这个地方，时代在迅速地发展变化，"明治"和"德

贝尔兹的庭石

旧发电所（摄影：笔者，同上）

工学部1号馆入口的柱头　这种设计对以老鼠簕叶子为主题的希腊时代科林斯式柱头进行了简化。虽然在形式上与其前身工科大学入口所使用的柱头相似，但比前者更具有量感。

国"都已成为古老的过去。在只认识木造校舍的贝尔兹和斯克里巴铜像视线前方，建起了他们无法想象的最先进的巨大医院。但是，也许贝尔兹所凝视的是以前位于医院前方的那座与爱妻花子和孩子们度过了一段短暂而幸福生活的教师馆。

（岸田）

大正的活力
——南研究楼和龙冈门原夜间诊疗所

医院建筑物中修建得最早的是靠龙冈门一侧的南研究楼。当时作为耳鼻咽喉科和整形外科病室，于大正14年（1925年）竣工。现在被用于包括精神科、老人科、女性科等在内的临床系研究楼。

南研究楼墙面砖的颜色与大讲堂相似，呈暗红色。由此可判断，它与大讲堂和工学部2号馆、旧理学部1号馆等一系列校舍均属于大正末期修建的建筑。

当时的大学，已经不再是由几个分科大学组成的旧制学校，而是以建设一个统一的综合性大学为目标的新型学校。在建筑方面，也开始摸索与新的大学形象相符的新的设计样式。

南研究楼的设计者岸田日出刀是内田祥三的学生，他当时正沉迷于欧洲新兴建筑。这座建筑身上带有一种年轻人在明治以来哥特式校舍林立的校园，力图挑战新的建筑样式的不谙世事以及或多或少的几分悲怆感。

南研究楼的外墙在不同的地方分别粘贴了不同形状的墙面砖，完全没有采用内田哥特式的那种柱型，基本上是一个简单的四角形立体建筑。窗户上下挡水墙砖形成的粗线绕整座建筑一周,用具有凹凸感的墙砖粘贴的带状墙壁,在施工时考虑到整个建筑物的大小因素,对其进行了明显的加高。这些设计使容易变得笨重的四角形建筑显得更加紧凑,从而形成了一种使整个建筑外观兼具动态构造和细腻质感的强有力的设计样式。

这是与被称为荷兰阿姆斯特丹派的砖造现代建筑产生强烈共鸣的岸田创造的一幅杰作,在东大校园,它与据说受岸田影响所建的大讲堂共同绽放出夺目的光辉。

现在这所建筑虽已极度老化,但是中庭里高耸的银杏等巨树,带给人们一种远离外界喧嚣的静谧之美。南研究楼的位置因远离医院主体建筑,而且其周围还被围了起来,所以这里目前还保留有一块尚未受到土地开发影响的宝贵的绿地。

除南研究楼以外,岸田还设计了位于龙冈门旁边的大学广报中心所在的建筑。这座建筑原本是作为夜间诊疗所而修建的,圆筒形楼梯间的塔与四角形立体建筑合为一体,这种抽象的设计摆脱了以往哥特式等建筑样式的束缚。粗大的挡水带水平分布,即使是在今天,看起来也显得极富动感。

附属医院南研究楼(竣工时的样子) 后来在大门上方增建了教室,变成今天大家所看到的样子。(综合研究博物馆藏)

原夜间诊疗所（现广报中心）（摄影：笔者）

外墙虽然基本上使用了与其他内田哥特式相同的浅茶色纹理墙面砖，但是墙砖粘贴的风格与南研究楼一样，采用了光滑的特殊墙砖和三角断面墙砖等的组合搭配。也许是考虑到用担架运送急诊病人和使大车顺利通过等的需要，建筑物表面和里面安装的折叠门被设计成可以全部打开的样式，在这座建筑被改为广报中心的今天，这一设计依然发挥着重要的作用。

（岸田）

阶梯教室
—— 犹如剧院般的教室

东京大学有很多所谓的阶梯教室，但是没有一个阶梯教室具有像内科讲堂那样陡的坡度。内科讲堂阶梯教室的座位分两层，从接近天棚的最上面的座位向下看，讲坛几乎就位于座位的正下方。

这里的空间与其说是一个教室，还不如说是一个剧院，而大家似乎也更愿意将讲坛称为舞台。这是因为，在讲坛出现的不仅是教师，患者有时也会躺在床上出现在那里。不论是活着的患者，还是死者的遗体，从必须有人登场这点来说，医学部阶梯教室的课堂充满了戏剧性成分。

我曾经看过古老的解剖学教室的建筑图，图纸上的设计使从天棚射下的光线垂直照射在解剖台上，不禁令人联想到剧院的舞台。

内科和外科这两个词，在呈专业化细分化的当代医学教育领域已基本不再使用。患者也不可能再被拽到这种阶梯教室里来。但内科和外科长久以来一直是医学教育的两大支柱，从内侧和外侧来研究人体的观点在医学界已达成普遍共识。

医学和医疗的进步，直接体现在医学部和附属医院建筑群的变化上。其发展变化极为迅猛，使得本书这类介绍性书籍中所述内容在短时间内迅速成为历史，而且这种变化现在仍处于进行当中。

似乎是为了体现内科是医学的支柱这一象征意义，内科讲堂所设的位

2000 年左右的内科讲堂（摘自木下编《博士的肖像》）

1900 年左右的解剖学教室（摄影：小川一真）

置紧靠附属医院的内科病房。讲堂竣工时,可能就在正面墙壁上悬挂了之前曾在内科学专业任教的历代教授的肖像画。从那以后直到今天,每逢有教授退休,这里都会增加一幅肖像画或肖像照片。

现在,在拍摄这张照片之后又增加了一幅肖像画,总计42位教授的84只眼睛守护着在此学习的莘莘学子。其中,肖像画有34幅,肖像照片有8幅,墙壁最上面一排是以黑田清辉为首的明治时期西洋画家们绘制的作品,但是遗憾的是离天棚太近,位置太高,所以无法仔细欣赏。

（木下）

缺乏绿化的医疗设施
—— 春天的信使之白玉兰树

关东大地震的发生导致东京大学建筑物倒塌并引发大火,之前收藏的图书也全部损毁,给东京大学带来了巨大的打击。东京大学现在保留有一幅油画,上面绘制了内田祥三制定的灾后校园重建计划。从这幅油画上,我们可清楚地看到现在的本乡校园基本上是按照这一规划逐步建设形成的。

油画上绘制的医院构想与我们今天所看到的医院有很大的不同。油画上的医院呈巨大的四方形结构,侧面楼房很长,四方形结构的中心是一个中庭。从画上判断中庭大致有育德园面积一半那么大,可见其宽广程度。这并不是在画饼充饥,如果在医院地区真的能够按计划修建这么规模宏大的中庭,那么这里无疑将成为住院患者和教职员工以及来访者休憩的空间,被人们广为利用。

医院正面沿从龙冈门方向延伸过来的道路而建,是校内最长的建筑,哥特式风格的拱廊入口和它上面镶嵌的黏土烧制的浮雕等都非常引人注目。尤其是傍晚夕阳映衬下的景致,更是极富魅力。然而,医院整个正面和浮雕等之所以如此醒目,也是因为医院建筑物周围树木少的原因。

内田在规划中,相应地考虑到了医院地区的植树问题,并特意留出了一块绿地。但是,在医院地区的实际工程建设中,建筑物的修建被优先考虑,

医学部附属医院，因绿树稀少而未被树木遮挡。（摄影：后藤耀一郎）

而且建筑物向高层化方向发展。其结果导致现在绿地面积远远低于建筑物的面积。这大概也是在有限的建筑用地内为满足现代医疗设施发展的需要，而不得已做出的决定吧。这也为后人留下了一个研究课题，即如何从环境的角度来完善医院建设。

医院地区的绿化，需要从与校园其他地区的绿化所不同的角度来考虑，也就是需要考虑到那些不得不每天在病房里度日的住院患者们。如果其他地区的绿化是以建设植物丰富的树木园为目标，那么医院地区的绿化采用在花坛里积极种植各种各样花草的植物园式的绿化也许会更有效果。现在还可以采取设置屋顶庭园的方式。通过植物来感知自然的多样性和四季的变化，一定会给很多人带来精神上的安慰。

新门诊大楼巴士站和出租车扬招点的一角种有白玉兰树。白玉兰原产中国，属木兰科乔木，学名Magnolia denudata。春天当树木还没有发芽时，白玉兰首先开花，向人们宣告春天的到来。白玉兰开花时树叶还没有展开，所以更加凸显出花朵的美丽。

以这棵白玉兰为首，医院地区似乎作为建筑的附属物种植的树木种类很多。可以看到很多如四照花和荷花玉兰这类通常被种植在庭园和街道等处的树木。

距龙冈门最远的医院西北侧等处种植了很多椴树。椴树（椴树科）的同类属名为Tilia，世界上椴树的种类超过40种，各个种类之间非常难以区分。它们在形态上没有明显的差异，而且不同种类之间也非常容易杂交出混合种椴树，这也是导致椴树种类难以区分的一个主要原因。医院地区种植的椴树，一般被认为属于欧洲椴（Tilia vulgaris）种系，但这一说法目前还没有确切的考证。欧洲椴来自德国的名字——菩提树非常有名。其花朵散发出一种扑鼻的甜甜香味，但是校园里种植的欧洲椴大概是因为花苞不好的原因，不大引人注目。

对喜欢植物的人来说，拥有很多奇怪植物的医院地区可谓是一个不大好对付的空间。

（大场）

译 后 记

东京大学是世界著名学府，培养出了很多杰出人物，每年都有很多来自世界各地的学子竞相考入。作为一名高校日语教师，在承接此项翻译之前，我对东大的了解仅限于宣传册上泛泛的介绍，对东大的历史知之甚少。此书的翻译虽然遇到了诸多困难，但是在反复阅读、查阅资料的过程中，原本模糊、笼统的东京大学逐渐变得清晰、生动。校园里的每座建筑、建筑上的装饰以及校园里的开放空间都仿佛在静静地讲述着校园历史的变迁。著者优美的文笔不仅令我倾倒，同时也加深了我对东大建筑文化等方面的了解，对东大校园产生了浓厚的兴趣，对其心生神往。对我来说，这次翻译不仅仅是一个简单的"日译汉"过程，同时也是一个学习日本一流学府——东京大学悠久历史的过程，可谓获益匪浅。

在翻译的过程中，因对建筑和植物等缺乏了解，所以很多专业术语一时无法找到合适的对译资料，其中有一术语花费了几天时间才得以确认，当时喜悦之情无以言表。困难的翻译工作虽也令我时时气馁，但是看着日益增厚的书稿，在长出一口气的同时，又不禁担心翻译的准确程度以及是否表达出原著的神韵。因本人能力有限，虽通过反复的修改校正，但仍难免有表达不当之处，恳请广大读者多多包涵并不吝赐教。

在本书的翻译过程中，东京大学出版会的后藤健介先生耐心并及时地解答了我提出的问题，上海交通大学出版社的赵斌玮先生也向我提出了很多中肯的意见和建议，在此我谨向他们致以诚挚的谢意。

刘德萍

2013年7月于东北师范大学外国语学院日语系